熊本大学生命倫理研究会論集————6

生命・情報・機械

高橋隆雄 編

九州大学出版会

まえがき

　「熊本大学生命倫理研究会論集」第6巻を上梓の運びとなった。第1巻の刊行から5年余り，ここまで来ることができたのは，ひとえに数十名に上る執筆者のおかげである。この場を借りてお礼を申し上げたい。本論集もこの巻をもって一つの区切りとし，いずれ近いうちに別のシリーズを世に問うつもりである。

　この巻のタイトルは『生命・情報・機械』である。個々の遺伝子の構造の解読がひとまず終わり，ゲノムワイドな遺伝子情報の解析が現実化している現在，「生命と情報」の関係は，生命科学研究の中心的テーマとなってきている。こうした状況において，情報に関する基礎的概念を踏まえて，生命と情報の基本的な関係を探ることが必要である。

　生命を情報で読み解くことはしかし，生命の本質を情報であると規定することとは異なる。そして，何よりも先ず問われるべきは，生命をそのように規定することはそもそも可能なのだろうかということである。この文脈において，生命科学の最先端からは，遺伝子情報と環境要因との関係が再び問われつつある。また，哲学や倫理学からもそれは大きな問いかけとしてあり続けている。その問いは情報化社会の本質，情報環境と人間，また機械と生命との根本的な関係や人間の尊厳のあり方にかかわることである。

　現在では，基礎的根本的な問いに加えて，遺伝子情報とプライバシーの問題，企業倫理と関連した医療情報の倫理の問題等，遺伝子情報に関するさまざまな倫理的問題が生じてきている。これらにもわれわれは対応が求められている。

　本書は生命と情報をめぐるそのような問題群を念頭に置いて書かれたもの

であり，これまで刊行された論集と同様に，理系と文系の研究者による幾度にもわたる共同研究の成果である。各執筆者は多忙な中，かなりの時間と労力を研究会とその準備に費やしたが，和やかな中にも厳しい相互批判は各自の思索を深める上で不可欠のものであることを今回も痛感した。

熊本大学生命倫理研究会は，1997年12月に設立された学内共同研究グループである。同年9月に学長からの共同研究募集にほとんど同じテーマで応じた，当時医学部教授であった松田一郎氏と私が中心になって共同研究を組織することになったのが発端である。それ以来毎年，大学からは資金援助をしていただいている。また，ある時期は学内にある発生医学研究センターからの資金援助によって同センターとの共同研究を行った。「熊本大学生命倫理研究会論集3」の『ヒトの生命と人間の尊厳』はその成果である。

1997年は日本の生命倫理にとっても大きな節目となった年である。この年，日本では臓器移植法が国会を通過し生命倫理政策のひとつの問題が一段落した。そして，この年の初めに世界中を驚かせたクローン羊ドリーの誕生の報道は，科学技術会議に「生命倫理委員会」を発足させることになった。その下に「クローン小委員会」や「ヒト胚研究小委員会」などが続々と設置され，日本における本格的な生命倫理政策が始動するのである。

国内外で遺伝子関連の生命倫理問題が激しく議論される中で，「熊本大学生命倫理研究会論集1」として『遺伝子の時代の倫理』が刊行されたのは1999年の暮れであった。執筆陣には「国内最高水準の内容で，しかも読みやすく」という厳しい注文をつけた。その方針を1巻から6巻まで貫いたが，執筆者は皆これによく応えてくれた。おかげで全巻にわたって，学術書として恥ずかしくない内容のものになったと思う。

1年ないし2年の共同研究の後に，学内の予算を使って年度ごとに刊行するというスケジュールだったため，入稿の遅れは許されなかった。執筆中に健康を害する人も何名かいたが，「遅れないよう速やかに回復してください」と激励するのみであった。そのため「鬼編集長」と呼ばれることもあった。

すべては結果オーライということで許していただきたい。

　熊本大学生命倫理研究会はこの5月に英文での論集 *Taking Life and Death Seriously : Bioethics from Japan* を Elsevier 社の Advances in Bioethics シリーズの第8巻として刊行予定である。そのタイトルはR. ドゥオーキンの著作をもじったものであるが，サブタイトルでは日本からの生命倫理ということを掲げてみた。1990年代からドイツやフランスも本格的に生命倫理研究に乗り出してきている。これまでアメリカ流の生命倫理を中心としてきた日本の生命倫理も，そろそろ独自の生命倫理のあり方を探る時期に来ているのではないだろうか。

　　平成17年春

　　　　　　　　　　　　　　　　　　　　　　　　　高橋　隆雄

目　次

まえがき …………………………………………高橋隆雄　i

第1章　遺伝子情報と環境要因 …………………山村研一　1
　　　　──FAP発症過程に見る──

　はじめに　3
　Ⅰ．言葉の定義　4
　Ⅱ．表現型に対する現在の遺伝学的考え方　7
　Ⅲ．ゲノムサイズと遺伝子数　8
　　(1)　生命体の基本単位「細胞」
　　(2)　ゲノムサイズ
　　(3)　外見正常でも異常な遺伝子をもつ
　　(4)　遺伝要因と環境要因
　　(5)　遺伝子研究の限界
　　(6)　一つの遺伝子の表現型への影響力
　　(7)　形質と表現型
　Ⅳ．家族性アミロイドポリニューロパチー（FAP）　15
　　(1)　アミロイドーシス
　　(2)　FAPの概要
　　(3)　アミロイド形成過程
　　(4)　トランスジェニックマウスモデルの作製は可能か
　　(5)　遺伝子発現，血中レベル，アミロイド沈着の時期的なギャップ
　　(6)　アミロイド沈着に関与する環境要因
　　(7)　4量体の解離に関わる要因の解析

(8)　変性単量体の凝集に関わる要因の解析
　　　(9)　血清アミロイドP成分タンパクのアミロイド沈着における役割
　　　(10)　FAPのまとめ
　　おわりに　*29*

第2章　情報環境と人間……………………………………中山　將　*33*

　　はじめに　*35*
　　Ⅰ．情報の成立　*36*
　　　(1)　主　体　性
　　　(2)　受信の先位
　　Ⅱ．情　報　と　知　*39*
　　　(1)　情報の3段階
　　　(2)　心　身　関　係
　　Ⅲ．環境としての情報　*43*
　　　(1)　情　報　環　境
　　　(2)　主体の行為
　　Ⅳ．情報の特異性　*47*
　　　(1)　仮想性と機会性
　　　(2)　電　子　言　語
　　おわりに　*51*

第3章　デジタルとバイオ…………………………………高橋隆雄　*55*
　　　――機械・生命・尊厳――

　　はじめに　*57*
　　Ⅰ．デジタルテクノロジーとバイオテクノロジー　*58*
　　　(1)　両者の類似点
　　　(2)　両者の相違点
　　Ⅱ．生命の世界と機械の世界　*64*

(1)　その本質的相違
　　(2)　自然の世界の把握のしかた──欧米と日本──
　Ⅲ．遺伝子の時代の「尊厳」概念　69
　　(1)　従来の尊厳概念
　　(2)　生命と機械の相違にもとづく「生命の尊厳」
　　(3)　「生命の尊厳」にもとづく「人間の尊厳」
　　(4)　エンハンスメントについて

第4章　機械と人間の組みあわせについて　……………船木　亨　85
　はじめに　87
　Ⅰ．わたしは機械であるか　88
　Ⅱ．機械と真理　91
　Ⅲ．人間は機械であるか　94
　Ⅳ．機械と生物　97
　Ⅴ．人間工学　100
　Ⅵ．疲労の現象学　103
　Ⅶ．巨大なもの　108
　おわりに　113

第5章　生命と情報をめぐる思想史序説　………………八幡英幸　117
　　──カントの有機体論を中心に──
　はじめに　119
　Ⅰ．カントの有機体論　120
　　(1)　目的論的判断の事実：自然探求のもう一つの原理
　　(2)　目的と見なされる事物一般の特徴：偶然性と規則性
　　(3)　自然目的の実例：樹木の自己産出
　　(4)　自然目的の2つの条件：全体と部分の相即
　　(5)　自然目的としての有機体：自己産出する有機的組織

    (6) 生の類似物としての有機体：環境への適応
    (7) 反省的判断としての目的論的判断
  II. 生命と情報 ── 思想史的考察へ ──　　*130*
    (1) 目的論的判断と情報の観点
    (2) 情報伝達の多様性：信号から象徴まで
    (3) 思想史的考察1：ライプニッツとの関係
    (4) 思想史的考察2：アリストテレスとの関係

第6章　遺伝情報におけるプライバシーと守秘義務…松田一郎　*143*
  はじめに　*145*
  I. プライバシーと守秘義務　*146*
    (1) プライバシー
    (2) 守秘義務（confidentiality）
  II. 遺伝情報とその特性　*150*
    (1) 個人の遺伝情報と集団の遺伝情報
    (2) 研究で得られる遺伝情報（データ）の守秘義務
    (3) 遺伝学的検査で得られる遺伝情報の守秘義務
  III. 遺伝情報における所有権の成立と特許　*157*
  IV. 遺伝差別の防止　*158*
    (1) 雇用における遺伝学的検査と遺伝情報
    (2) 健康保険，生命保険における遺伝学的検査と遺伝情報

第7章　医薬情報とビジネス ……………………………田中朋弘　*171*
  はじめに　*173*
  I. ソリブジン事件　*174*
    (1) 事件の概要
    (2) 相互作用情報の取り扱い
    (3) 相互作用情報の伝達と解釈
  II. インサイダー取引の倫理性　*180*

(1) インサイダー取引とは何か
　　(2) インサイダー取引の倫理性をめぐる議論
　　(3) ネガティブな情報と「重要事実」
　Ⅲ. 医薬情報とビジネス　　186
　　(1) 組織とビジネス
　　(2) 個人とビジネス
　　(3) 医薬情報とビジネス――組織の改編と「名前を変えること」――
　おわりに　　191

付論　バイオテクノロジー ……………………………加藤佐和　195
　　　　――小史と現状・課題――
　Ⅰ. バイオテクノロジーとは　　197
　Ⅱ. バイオテクノロジー小史　　202
　　(1) 遺伝物質の発見からセントラルドグマまで
　　(2) 細胞融合技術，遺伝子組換え技術
　　(3) ヒトゲノムプロジェクト，ドリー，ES細胞
　Ⅲ. バイオテクノロジーの現状と課題　　207
　　(1) 医療とバイオテクノロジー
　　(2) 情報とバイオテクノロジー
　　(3) 環境・エネルギー問題とバイオテクノロジー

既刊総目次 ……………………………………………………221
事項索引 ………………………………………………………225
人名索引 ………………………………………………………233

第 1 章

遺伝子情報と環境要因
―― FAP 発症過程に見る ――

山 村 研 一

はじめに

　20世紀が物理学や化学の時代であったとすれば，21世紀は生命科学の時代といわれている．実際，21世紀初頭にヒトも含む種々の生物のゲノムの塩基配列がほぼ明らかにされた．ゲノムの塩基配列の解析技術は1990年代に急速に進んだため，ヒトゲノム計画は，1953年のワトソンとクリックによるDNAの分子構造の解明50年後の2003年を目標として修正され，それが達成されたわけである．しかし，ゲノム情報と一口に言うが，現在得られている情報はごく限られたものである．すなわち，記号に過ぎないともいえるDNAの塩基配列，その一部はすでに知られた遺伝子をコードしていること，数十％は繰り返し配列であること，その他はよくわからない，という情報だけである．もの作りにたとえれば，仕様書なるものが必要であるが，仕様書はあくまですべての材料が分かっており，それをいかに使うのかであり，ゲノムの場合は材料すらよくわかっていないという状況であることをまず念頭においておく必要がある．ただ，一方で，生命科学の異なった分野，たとえば解剖学や遺伝学を語る場合，以前はほとんどお互い共通点はなく，全く会話が成立しなかったといってもいいが，現在得られているゲノムの情報を用いれば，それを共通言語として互いに会話が成立し，理解しやすくなっているのも事実である．ただ，1865年のメンデルの法則の発見以来成立した遺伝学と1953年のDNAの構造の発見以来成立してきた分子生物学とは，考え方において開きがあることも事実である．この章では，一つの遺伝子の変異に基づき発症する遺伝性疾患を取り上げ，遺伝情報だけで病気が説明できるのか，あるいは環境要因も含めその他の要因も考慮しなければ説明できないのかについて，遺伝学的な視点を交えながら述べてみたい．

Ⅰ. 言葉の定義

　遺伝学や分子生物学で用いる言葉の定義がまぎらわしく，一般のヒトにとってはまことに理解しにくいものである。したがって，簡単な知識と言葉の定義を説明しておきたい。まず，ヒトは，多細胞生物体である（図1）。つまり，多くの細胞から一つの個体が形成されている。逆に言えば，ヒトという生命体の構成単位が細胞ということである。細胞の中には，核があり核膜を有しているので，周囲の細胞質と分けられている。この核の中に遺伝情報がつまっている。一方，大腸菌というのは，細胞一つで生命体であるので単細胞生物という。大腸菌の中では核はなく，細胞質だけであり，この中に遺伝情報が入っている。ヒトの遺伝情報は合計46本の染色体に分かれて存在している。性染色体構成は，男性でXY，女性でXXである。この2本の性染色体以外は，常染色体とよび，22対，つまり同じものが2本ずつ，22対存在する。つまり，性染色体上の遺伝子を除き，ヒトは遺伝子を2つずつ持つことになる。染色体は，DNAとタンパクからなるが，ここではタンパクのことは省略する。DNAは，鉄道でいえばレールという部品に相当するもので，2本のレール（鎖）が向かい合い，ただレールのようにまっすぐ伸

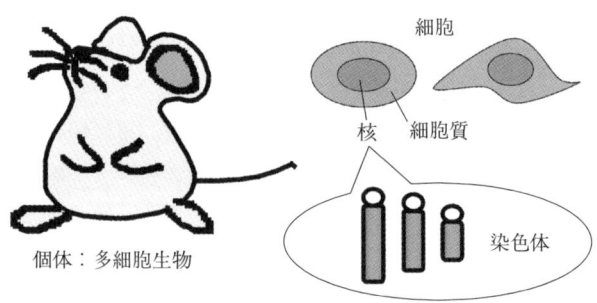

図1　生物の基本は細胞

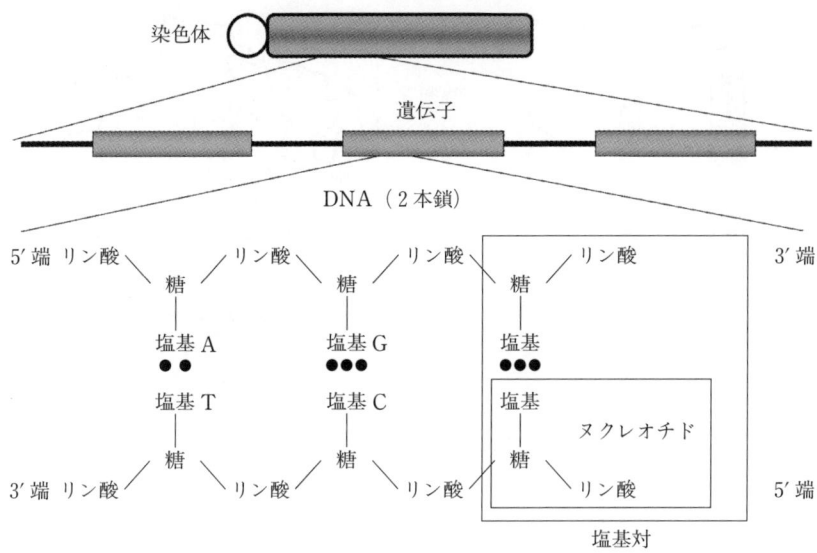

図2　染色体，遺伝子，DNAの関連

びているわけではなく螺旋階段のように螺旋構造をとっている。DNA（レール）の基本構成単位，いわゆる材料は，ヌクレオチドである。この材料には3種類あり，塩基，リン酸，糖である。この3種類の材料からなるヌクレオチドが横に連結されて長い鎖（レール）を形成していると思えばよい。材料のうち，リン酸と糖はすべてに共通で，塩基には頭文字だけで記すとA，T，G，Cの4種類ある。この塩基の並ぶ順番が重要で，例えばAAAAとGGGGは意味が異なり，遺伝情報となる。この塩基が中央で相手の塩基と向かい合い，2本鎖を形成する。向かい合う場合は，Aなら相手はT，Gなら相手はCと必ず相手が決まっている。したがって，一方の鎖の塩基の配列が決まれば，相手方の配列は自動的に決まることになる。遺伝子は，DNAの中に存在するが，ぎっしり詰まって存在するのではなく，あたかも鉄道で駅が飛びとびに存在するように，遺伝子も散在している（図2，

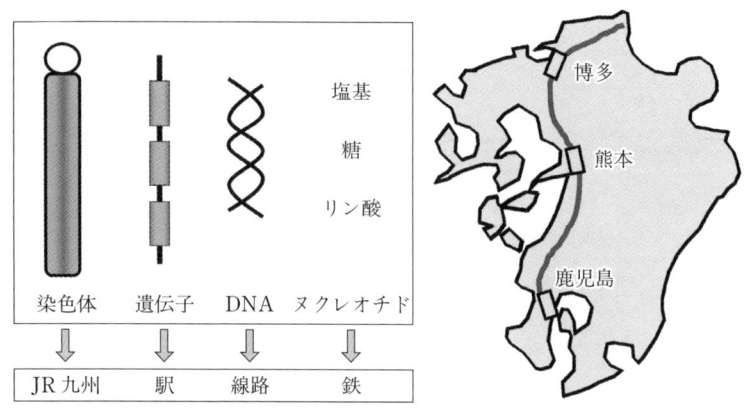

図3　染色体，遺伝子，DNA の説明

3）。その占める割合は，全DNA の5％ぐらいといわれている。遺伝子がない領域は，junk DNA（ごみため）といわれていたが，現在は多くの反復配列が含まれていることもわかり，何か機能を持っているのではないかとも考えられている。ゲノムという言葉は，新しい言葉で，遺伝子を意味するgene の最初のgen と染色体を意味するchromosome の後ろのome を合成してできたgenome である。つまり，すべての遺伝情報ということになる。

　遺伝学的な用語として，遺伝子型（genotype）と表現型（phenotype）がある。遺伝子型の定義は，原則として1座位の組み合わせのことをいう。つまり正常な遺伝子が2つあるのか，あるいは正常な遺伝子と変異遺伝子の組み合わせなのか，あるいは変異遺伝子が2つある組み合わせなのかということを意味している。2つとも同じ遺伝子の組み合わせのときはホモ接合体，異なる組み合わせのときをヘテロ接合体という。遺伝子型は広義には，全体的な遺伝的な構成，つまり遺伝的背景を意味することもある。表現型は遺伝子型および環境によって決定される観察可能な形質ということになる。また，英語ではtrait という言葉があるが，日本語では形質と訳され，意味としては表現型に近く，区別されていない。

II. 表現型に対する現在の遺伝学的考え方

　遺伝学の進歩により，以前は環境要因の影響を強く受けると思われた個性も，遺伝要因の影響も意外に強いことが明らかになりつつある。このような個性というのは，数量化しにくく，遺伝学的な研究ができにくい分野ではあったが，一卵性双生児と二卵性双生児を用いれば，遺伝的に同じでも異なった環境下で育てばどうなるのか，逆に遺伝的に異なっていても，似たような環境下で育てばどうなるのかという比較検討ができる。例えば，一卵性双生児が，生後まもなくまったく異なった環境下，例えば一方はドイツにおいてカソリック教徒として，他方はトリニダードでユダヤ教徒の父に育てられても，気質やユーモアのセンスといった好みや個性に，共通する部分が多いことが分かりつつある。結局，知能であるとか服装や食べ物の趣味は，一卵性で類似性が高い。無論，全く同じではない。

　これと似たような経験をされた方は多いと思われるが，筆者自身，そのような経験をした。例えば，勉強のやり方であるが，医学部学生のとき，試験勉強のため視覚径路図を図示化して覚えるため，ノートに入念な図を書いていた。その後になって父親が海軍の軍医時代に勉強のため書いたというノートを見て驚いた記憶が残っている。無論詳細は異なるが，非常に似たような図を書いていた。図そのものが似ているというより，何か覚えなくてはいけないこと，それを整理しなくてはいけないことがあった場合に，几帳面にノートに図示してまとめるというやり方そのものがやはり遺伝的影響を受けて，誰に習うこともなく，無意識のうちに行っているのではないかと思われる。

　このような個性ではなく，姿かたちのような形態は，親子で年齢が離れているにもかかわらず，よく似ている場合も多く，形態形成が明らかに遺伝することはよく知られている。親子という年齢が異なるままに比較しても似ていない場合にも，同一年齢で比較すると非常によく似ていることに気づく。

年をとるとよく似てくるというのは，このことの裏返しである。

　育ての親より，生みの親とはよくいわれることであるが，ただ冒頭述べたように遺伝的要因だけで決まるわけでもなく，文献的には大雑把に言えば，約2/3が遺伝的要因で，1/3が環境要因であることが示されている。したがって，遺伝情報だけですべてが説明できないし，逆に環境だけでもすべてが説明できない。両者が絡み合う形で，表現型が決定されていると考えるべきである。また，表現型によって，それぞれの要因が関与する割合は一律ではなく，異なると考えるべきである。

III. ゲノムサイズと遺伝子数

(1) 生命体の基本単位「細胞」

　進化という言葉は，英語（元はラテン語）のevolveという言葉の翻訳であるが，本来evolveは，「展開」や「開く」という意味であり，「進歩」というニュアンスはこめられていない。したがって，進化という言葉は本来適当でないと考えているが，進化という言葉はすでに使われているので，ここではそのまま用いる。生命体の進化の過程を考えるといくつかのステップに分けうる。まずは，大昔の地球環境下において有機物が合成されたことである。有機物の中から，現在のRNAがまず遺伝物質として選択された。しかし，壊れやすいなどの理由で，より安定なDNAが遺伝物質として多くの生命体で受け継がれるようになった。ただ，多種多様な機能を有するためにはDNAやRNAでは対応できず，タンパク質が合成されることとなった。DNAがふらふら浮いている状態では生命体としては効率が悪く，やがて，これらを包む膜ができ，きわめて原始的な単細胞生物が誕生したと考えられる。これが今でいう原核生物である。大腸菌等の微生物は原核生物であり，細胞1個が一つの個体である。この原核生物では，DNA，RNA，タンパクが同じ空間の中に混在し，染色体は1本しかない。つまり，遺伝情報を1セットしか有していない。また，もっている遺伝子は，その一つの細胞の中

ですべて発現するのが原則となった。そこから出発したが、やがてDNAの増大とともに、そのままではとても整理できなくなり、細胞が核と細胞質を分け、機能分担をせざるを得なくなり、真核細胞となったものと思われる。真核細胞は、したがって細胞の中に、核膜を有する核ができている。また、核が分離されただけではなく、染色体も1本ではなく、同じ染色体を2本持つようになった。1セットを有し、1本なくなっても対応できるような体制ができたのである。さらに、一つの細胞ですべての機能を果たすのではなく、細胞が集まりお互い機能分担するほうが、生命体の維持にとって有利となる。このため、「多細胞生物体」ができたものと思われる。細胞の違いを作るには、遺伝子発現の調節が必要である。すべてが発現している状態から、細胞にとって不必要な遺伝子を抑制するよりは、まずは共通に発現を抑制しておき、細胞によって必要な遺伝子を発現させる機構が発達したと思われる。ヒトやマウスは「多細胞生物体」であるが、述べたように個体の基本構成単位はいうまでもなく「細胞」である。多細胞化するに当たって、次世代につながる「生殖細胞」は、当然普通の細胞である「体細胞」とは区別する必要も生じた。生殖細胞においては、減数分裂の結果、染色体は体細胞の半分で、半数体細胞ともいう。

(2) **ゲノムサイズ**

ゲノム解析が進み、種々の生物のゲノムサイズ（塩基対の数）が正確にわかるようになった（表1）。概略をいえば、ウィルスが10^3のオーダーで、大腸菌のような原核生物が10^6、酵母が10^7、線虫やショウジョウバエがほぼ10^8、そしてヒトやマウスでは10^9となる。ヒトは、$3×10^9$と覚えればよい。つまりヒトのゲノムサイズは約30億であるが、これは半数体細胞（減数分裂を終えた生殖細胞）における数である。よって、体細胞では60億であり、地球の人口と同じと思えばよい。遺伝病において、変異した遺伝子の一つの塩基置換を見つける作業は、地球上の60億の人から特定の一人を探し出す作業に似ている。簡単にはなったが、やはり労力を要する作業であ

表1 塩基対および遺伝子の数

生物種	塩基対の数	遺伝子の数
大腸菌	4.6×10^6	4,288
酵母	1.4×10^7	4,800〜5,600
線虫	9.7×10^7	18,400
ショウジョウバエ	1.8×10^8	14,200
ヒト	2.8×10^9	30,000〜40,000

る。また，遺伝子の数がより確実に推定されるようになった。非常に興味あることに，形態的に極めて単純というか発生学的には原始的な線虫の遺伝子の数が18,400と，形態的にはより精巧な器官をもち複雑なショウジョウバエの14,200よりも，遺伝子が多いことである。また，ヒトは，約3万といわれ，線虫の2倍以下にすぎないことも明らかとなった。このことだけでも，遺伝子の塩基配列やその数だけでは，その後に起こる転写や翻訳レベルでの様々な変化，最終的に表現型に至るまでの過程を説明できないことが予想された。

(3) 外見正常でも異常な遺伝子をもつ

全員が同じように正常な遺伝子ばかりを持つのでは，血統書つきの犬のように，同じような人間ばかりになってしまう。しかし，一人ひとり顔かたちはもとより種々の表現型は異なっているので，同じ遺伝子を持つとは考えられない。すなわち，遺伝子の組み合わせである遺伝的背景は，一人ひとり異なっていると予想される。では，ヒトはいくつの異常遺伝子をもつのであろうか。多くの人は遺伝病を持つ人だけが異常な遺伝子を持っている，そして，自分はもっていないと思いがちである。だが，現実は決してそうではない。

その概略を次のように計算できる（図4）。例えば，36万人に1人の割合で発症する常染色体劣性遺伝病を考えてみる。正常遺伝子をA，異常遺伝子をaとし，その遺伝子頻度をそれぞれpおよびqとする。そうすると異

1. 36万人に1人の遺伝病の保因者の頻度

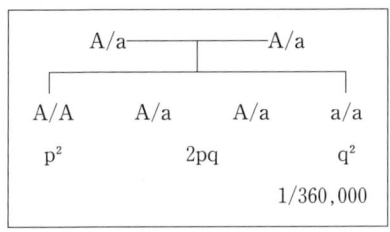

2. 異常遺伝子の頻度：q＝1/600
   正常遺伝子の頻度：p＝599/600
3. 保因者（ヘテロ）の頻度：2pq≒1/300
4. 遺伝病の数：3,000種類以上
5. 異常遺伝子の数：3000×1/300＝10

図4 異常遺伝子の数

常遺伝子が2つ来る確率はq^2＝1/360,000 となり，q＝1/600 となる。a 遺伝子をヘテロの状態でもつ人（A/a）の頻度は2 pq＝2・599/600・1/600≒1/300 となる。つまり約300 人に1人は異常遺伝子aをもっていることになる。確かに病気になる人は，36万人に1人であるが，その異常遺伝子を1個持つ人は実に多いのである。36万人に1人というのは少ないほうで，例えば先天代謝異常症の一つであり，我が国では新生児スクリーニングが行われているフェニルケトン尿症は1～2万人に1人である。仮に1万人に1人であるとすれば，A/aの人は50人に1人となる。さらに，もっと頻度の高い病気がある。それは囊胞線維症であり，外国では2,500人に1人といわれている。これだとヘテロの人は，25人に1人となり，小学校の1クラスに1人はいることになる。現在なんらかの遺伝子の異常に基づく疾患は，少なくとも3,000種類以上あると考えられている。遺伝病の頻度はそれぞれ異なり，頻度が高いのも低いのもあるが，仮に平均36万人に1人とすれば，3,000種類あれば1/300×3000＝10となる。すなわち，1人につき10個は異常遺伝子をもっていることになる。幸いなことに，各個人でそれぞれ異常

遺伝子の組み合わせが異なるので，ただちに病気になるわけではない。しかし，これらの異常遺伝子の存在が，種々の病気に対する感受性を決め，その結果，ある人は糖尿病に，別の人は高血圧になりやすいと考えられている。このことが，最近ようやくヒトゲノム解析の進歩もあり，一般に受け入れられつつある。したがって，その人の遺伝的背景に応じて，治療法は決定されるべきという考えは当然正しくなる。従来，西洋医学においては，遺伝的背景を無視した治療法が行われていた。つまり，診断名がつけば，治療法の順番が決められていた。例えば，高血圧であれば，まず塩分制限，それで効かなければ利尿剤，さらに血管拡張剤というようにである。しかし，遺伝的背景が明確になれば，人によってはいきなり血管拡張剤からとなる。これを，テーラーメイド医療もしくはオーダーメイド医療という言葉でよんでおり，これがゲノム医学の根幹をなすが，遺伝学者から言わせれば，昔からの遺伝学の教えを言葉を代えて表現したにすぎないのである。

(4) **遺伝要因と環境要因**

　上記のことを総合すると，種々の形質や病気は，基本的に2つの要因によって生じると考えられる。第1は遺伝要因であり，第2が環境要因である。すべての形質や病気が大なり小なり，2つの要因の影響を受ける。無論強力な感染力を持つ病原微生物の場合は，ほぼ環境要因だけで発症が決まる。しかし，目に見えていないだけであることもある。例えば，エイズウィルスにしてもその感染が成立するには細胞内への侵入が必要である。その侵入のためには，細胞表面のリセプターが必要で，このリセプター欠損症の人は感染が成立せず，エイズにはならない。あたりまえのように考えていることが，実は遺伝要因があってのことだというものが多いのである。生活習慣病の場合は，明らかに両方の要因が影響すると考えるべきであろう。

(5) **遺伝子研究の限界**

　遺伝学の伝統的な研究の進め方は，表現型から出発してそれを支配する遺

伝子の解析へと向かうものであり，順遺伝学といわれる。これによる典型的な研究の進め方は，遺伝病の家系の集積，連関解析による原因遺伝子座のマッピング，ポジショナルクローニングによる原因遺伝子の単離解析，そして患者における突然変異の同定と原因遺伝子の確定である。このような典型例の一つが，頭顔面症候群の研究である。Jackson-Weiss 症候群，achondroplasia，Apert 症候群，Pfeiffer 症候群，Crouzon 症候群等は頭部と顔面に頭蓋骨癒合，両眼間離開といった共通の症状はあるものの，それぞれに特徴的な症状，たとえば Pfeiffer 症候群では合指症，Crouzon 症候群では眼球突出といったそれぞれに特徴的な形態的異常を呈し，臨床的には異なった疾患として認識されてきた。これらの疾患の原因遺伝子座が連関解析によって，Crouzon 症候群が第 10 番染色体短腕の 25 から 26 番地（10 q 25-26），Pfeiffer 症候群が第 8 番染色体のセントロメア（8 cen）と 10 q 25-26 に同定された。一方，線維芽細胞増殖因子リセプター（FGFR）のうち，FGFR 1 型が 8 cen，FGFR 2 型が 10 q 25-26 にあることがわかった。すなわち，これらの症候群の遺伝子座と FGFR ファミリーの遺伝子が一致していたのである。そこで，それぞれの症候群の患者の FGFR 遺伝子が解析された結果，突然変異が発見されたが，驚いたことに，たとえば Pfeiffer 症候群と Crouzon 症候群の両方で，FGFR 2 型の 342 番目のシステインのアルギニンへの変異が発見されたのである。臨床的には異なると思われた疾患の原因遺伝子が同じで，しかもまったく同じアミノ酸変異が発見されたのである。このことは，遺伝子の異常が病気とは直結しないこと，遺伝子の異常だけでは病気は説明できないことを如実に示している。これに関連して興味ある論説が Nature Genetics 9：101-103，1995 に掲載されている。この論説では「ヒトゲノムプロジェクトは，ついに分子遺伝学者を仕事から追いだし，蛋白生化学者や臨床遺伝学者を雇う時代になった」という書き出しで始まっており興味深い。上記のことは，ヒト疾患に遺伝要因や環境要因がどのように関与し，その結果としてどのような発症過程を経るのかについての解析，新しい治療法の開発等において，ヒト疾患モデルが必要なこ

とを示している。

(6) 一つの遺伝子の表現型への影響力

　一つの表現型の決定に多くの遺伝子が関与することは明白である。では，問題は一つの遺伝子がどの程度関与できるのかということである。この問題に対する解答は，マウスを用いて遺伝子のコピー数を変える実験で得られた。スミシーズたちは，血圧に関係するアンギオテンシノーゲンという遺伝子を，1コピー，2コピー，3コピー，4コピー持つマウスを作製し，それぞれにおいて血液中のアンギオテンシノーゲンの量，血圧がどの程度変動するかを解析した。その結果，血中のアンギオテンシノーゲンは遺伝子が1コピー増えるにつれ，20％程度増加すること，血圧は1コピー増えてもたかが10％程度の変動であることを明らかにした。ヒトにおいて，まれな場合を除いてコピー数が2コピーから3コピーになることはない。単に，遺伝子上に変異が生じるだけであるので，その影響度ははるかに小さいと考えられる。このことはまた，一つの遺伝子の表現型への影響が，常に100％であるとは限らず，途中の要因によって大きく影響されることも示している。

　実際遺伝学では，遺伝要因と環境要因が複雑にからみあって表現型が出現する様子を，種々の言葉で言い表している。例えば，「遺伝的異質性」というのは，病気の原因が必ずしも同じ遺伝子の異常によらないことを表す言葉である。このことは，表現型にいたる経路に複数の遺伝子が関与すること，そのうちの一つが変異すれば，同じ表現型になることを示唆していた。「多面発現」は，一つの遺伝子異常で，様々な表現型が出現することを意味し，遺伝子機能は単一なものではなく，多くの機能を持つことを示唆している。事実，最近の多くの研究は，そのことを裏付けており，また発生段階の機能と成体になってからの機能が全く異なる遺伝子も数多く報告されている。「浸透率」は，同じ変異遺伝子を持っていても，100％病気にならないことがあり，何％が病気になるのかを率で求めようとしたものである。「表現度」は，例えば手足の奇形を引き起こす病気があり，人によっては手だけの異

常，あるいは逆に足だけに異常が出現することがあるという，病気の程度が人により異なることを言い表している．「表型模写」は，遺伝的異常によって引き起こされるのと同じ異常が，環境要因だけによって引き起こされている場合に使う言葉である．例えば，遺伝子異常によって耳が聞こえなくなることがあるが，妊婦が風疹ウィルスに感染することによってその胎児の耳に異常が生じ，耳が聞こえなくなることがある．また，遺伝病によっては，「発症年齢」が個人によって大きく異なることがある．例えば，ハンチントン舞踏病は，思春期以降に発症するが，40歳でほぼ半数の人が発症する．ということは，高年齢になっても発症しない人もいれば，20歳代で発症する人もいることを意味する．これらのことはとりもなおさず，遺伝要因だけで，すべてのことが説明できるわけではないことを示唆しており，遺伝学の古くからの教えである．

(7) 形質と表現型

一般的に遺伝学では，遺伝要因に環境要因が加わって表現型が決まると考えている．ただ，遺伝学でも医科遺伝学になると，若干概念を変えるということがある．つまり，遺伝要因によってある種の形質（trait）が決まり，そこに環境要因が加わって病気になるという考えである．典型的な例は，S型ヘモグロビンである．この遺伝子を持つと，正常では丸い赤血球が，鎌状という形質になるが，この段階ではまだ病気としての発症ではない．その赤血球が破壊されて初めて貧血という病気になる．この鎌形になるとき，および壊れるときに他の要因が関与する．正常形質と異常形質（病気）とを分けるような考え方である．

IV. 家族性アミロイドポリニューロパチー（FAP）

(1) アミロイドーシス

アミロイドーシスというのは，細胞内または細胞外に生化学的にあるいは

免疫組織学的に区別できるアミロイド線維が沈着する疾患の総称である。アミロイド線維というのは，タンパク質が変性し溶けなくなり，病理学的な染色法であるコンゴレッド染色によりピンク色に染色される線維状のタンパクのことで，同じ標本を偏光顕微鏡下で観察すると，黄緑色の偏光を発する。各アミロイドーシスによって，沈着しているアミロイド線維，つまり変性タンパク質が異なる。沈着する部位によって，全身性と局所性に分ける。アミロイド線維は，主要成分と微小成分とからなっており，主要成分は述べたように疾患ごとに特有なタンパクで，微小成分はすべての疾患に共通のアミロイドP成分である。アミロイドP成分は血中の血清アミロイドP成分（serum amyloid P component: SAP）に由来している。

　全身性アミロイドーシスは，免疫グロブリン性，2次性，家族性，透析性，老人性に分類される。免疫グロブリン性は，骨髄腫等の疾患に合併して起こるもので，文字通り産生されている免疫グロブリンが沈着するものである。2次性は，炎症性疾患に合併するもので，アミロイドAタンパク（serum amyloid A component: SAA）が沈着する。家族性については後に述べる。透析性は，腎不全時に行う血液透析の際，観察されるもので，β_2-microglobulinが沈着する。老人性は，正常のトランスサイレチンが沈着するものである。あとで述べるように，家族性の大部分は，変異トランスサイレチンが沈着しているが，トランスサイレチン自体が変異を持たなくてもアミロイド形成を起こしやすいタンパクであることを示唆しており，興味深い。

　このように，元は異なったタンパク質でありながら，病理学的にはアミロイドとして共通した性質を有し，似たような不溶性線維を形成して沈着するのは不思議なことではある。おそらく遺伝子は異なるとはいえ，タンパク質の立体構造としては類似し，アミロイド線維を形成しやすいという性格が，遺伝情報としてすでに盛り込まれているためと考えている。

(2) FAPの概要

　FAPは，全身性アミロイドーシスの一つのタイプである（図5）。全身の

1. 常染色体優性遺伝病
2. 臨床像
   (1) 発症年齢：20〜45歳
   (2) 症状：末梢及び自律神経障害
   (3) 予後：発症後10〜20年で死亡
3. 病因
   変異トランスサイレチン □□ ⟹ アミロイド沈着
   例：hMet30   △
                        要因

図5 家族性アミロイドポリニューロパチー

　細胞外へのアミロイド沈着を特徴とする典型的な優性遺伝病である。すなわちヘテロ接合体，一つの正常遺伝子と一つの異常遺伝子を持つ状態で症状が出現し，通常思春期以降に発症することが多い。臨床的には末梢神経及び自律神経の異常を主徴とするが，末期には腎不全，感染症等で死亡する。これはアミロイド線維が種々の組織に沈着し，圧迫するためである。なぜか中枢神経系には沈着しない。病気の発見は1952年，アミロイドの主成分がトランスサイレチンタンパクであることが発見されたのが1978年，そのトランスサイレチンタンパクに1アミノ酸変異があることが発見されたのが1983年，そしてその遺伝子が単離されたのが1985年である。

　トランスサイレチンは，主に肝臓，脳の脈絡叢，眼の網膜で発現し，4量体となって血中に分泌される。このタンパク質は，124個のアミノ酸からなっている。日本では大部分30番目のバリンがメチオニン（hMet 30）に置換している。しかし，これまでに90種類以上の変異が報告されている。患者の殆どはヘテロ接合体であり，したがって，正常タンパクとともに変異タンパクの両方が産生され，血中では正常タンパクまたは変異タンパクのみからなるホモ4量体が存在するが，それ以外に正常と変異タンパクからなるヘテロ4量体が存在する。遺伝子診断も可能である。FAP患者の一部はホモ接合体である。いずれにせよ患者さん全員が少なくとも一つの変異遺伝子を

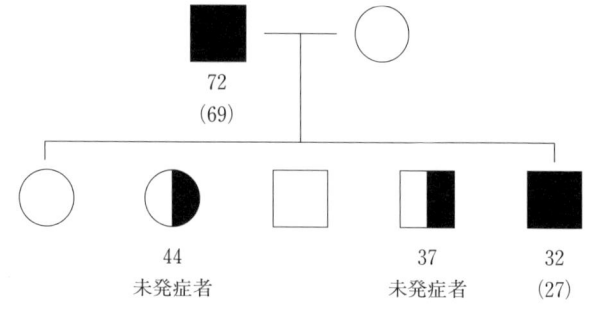

図6　FAPにおける発症年齢の変動

持つこと，従って，変異遺伝子の存在が発症の主たる要因であることは明らかである．しかし，臨床研究からもいろいろな疑問点が提出されている．たとえば，日本では全国で患者さんが見つかっているが，熊本と長野にのみ患者さんの集積が見られるのはなぜか．日本での平均発症年齢は34歳であるのに対し，スウェーデンでは55歳と，30歳以上もずれること，浸透率も日本では90％以上で比較的急速に発症するが，スウェーデンでは2～3％であり，緩やかに発症するという大きな違いがある．また同一家系にもかかわらず，父親は69歳で発症，その息子は27歳で発症することも報告されている（図6）．これらのことは遺伝子以外の要因が発症に関与することを示唆しており，その要因の解析が重要課題となっている．

(3) アミロイド形成過程

　種々の研究の結果，血中に存在する4量体のトランスサイレチンが，最終的にアミロイドタンパクとして沈着するまでに，5つのステップを踏むことが推定されている．第1は，4量体の解離である．試験管の中の実験では，pHが下がるだけで，4量体は解離することが示された．また，FAPのホモ接合体，つまり変異遺伝子を2つ持つ患者は，予想に反してヘテロ接合体の患者，つまり変異遺伝子を1つと正常遺伝子を1つ持つ患者より，軽症で

ある。このことは，ホモ患者では変異タンパクしか持たず，したがって，血中ではホモ4量体しか存在しない。一方，ヘテロ接合体では，正常分子と変異分子が存在するため，正常もしくは変異タンパクのみからなるホモ4量体だけでなく，互いに混じったヘテロ4量体も存在することとなる。試験管の実験によりヘテロ4量体のほうが，ホモ4量体よりも解離しやすいことが明らかとなった。また，119番目のアミノ酸変異も見いだされているが，30番目の変異単独のときより，30番目と119番目の変異の両方を持つ患者さんの方が発症が起こらないといわれており，この組み合わせの場合はヘテロ4量体のほうが安定であることが示された。このように，4量体の解離が最初の引き金として重要であること，よって，4量体を安定化させることが，病気の発症予防に役立つことが示唆されている。第2のステップが，単量体の修飾である。この実態はほとんど分かっていない。第3のステップが，修飾を受けた単量体の凝集である。このステップの存在は，患者さんの組織の病理検索から明らかとなっている。つまり，抗ヒトトランスサイレチン抗体では染色されるが，コンゴレッドでは染色されない状態が存在することである。つまり，タンパクは凝集して組織に沈着しているが，アミロイド形成は行われていない状態が存在することを示唆している。現在のところ，なぜ凝集するのかは不明である。第4のステップが，アミロイド線維形成である。凝集しただけのタンパクは可溶性であるが，アミロイドタンパクになると不溶性になる。このステップに働く因子も全く不明である。第5のステップが，アミロイドタンパクへのアミロイドP成分の付着である。この付着により，アミロイドは分解されにくくなると考えられている。臨床からの観察では，新たなアミロイド形成が起こらなければ，沈着したアミロイドはマクロファージによって食べられ，処理されるといわれている。

　現在，FAPに対する有効な治療法は，肝臓移植しかない。変異タンパクを産生すること以外，肝臓そのものには何の異常もないのに，治療法として肝臓移植はあまりに負担が大きすぎる。したがって，4量体の単量体への解離の防止，単量体の修飾の防止，修飾された単量体の凝集の防止，凝集した

タンパクのアミロイド線維の形成の防止，アミロイドP成分の除去等の方法を考案すれば，新しい治療法となることが期待されている．しかし，その前にいかなる因子が，これらのステップに関与するのかの解析が重要であり，このためマウスモデルを用いた研究が必須となる．

(4) トランスジェニックマウスモデルの作製は可能か

ヒトにおいて，この病気の発症は思春期であり，20年近くが必要であると考えられている．ところがマウスでは寿命が2年である．このことから，はたしてマウスモデルは成立するのかが，1980年代の疑問であった．しかし，生物はその寿命内にすべての生理的なプロセスが起こると考えるほうが正しく，したがってアミロイド沈着も寿命内に起こるはずと考え実験を行った．これは1985年ごろのことであり，まだトランスジェニック（Tg）マウスの実験がそれほど一般化していなかった時代のことである．その後，動脈硬化等のある老化現象も，マウスの寿命内できちんと起こることが示され，今ではヒトで長期間かかるから，寿命が短いマウスでは起こらないのではないかといった議論はほとんど起こらない．

FAPの場合は，変異タンパクがアミロイドとして沈着する機能獲得型の変異であるので，ヒト患者から単離した遺伝子を導入し，その変異タンパクを産生させれば，そのモデルマウス作製が可能であると考えられた．そこでまずメタロチオネイン遺伝子のプロモーターやトランスサイレチン自身のプロモーターに全長のhMet 30ゲノム遺伝子を接続したコンストラクトを作製した．メタロチオネインプロモーターを選択した理由は，当時，既に実証されていた強力なプロモーターであったからである．さらに，トランスサイレチン自身のプロモーターを用いたのは，ヒトで生じていることを忠実に再現したかったからである．まず，そのヒトとマウスの遺伝子の塩基配列の解析から，上流約600塩基対（600 bp）に強い相同性があり，この部分だけで組織特異的に発現するであろうと推察できた．しかし，さらに上流にも相同性のある部分，あるいは転写因子が結合する部分があるので，上流約6千塩

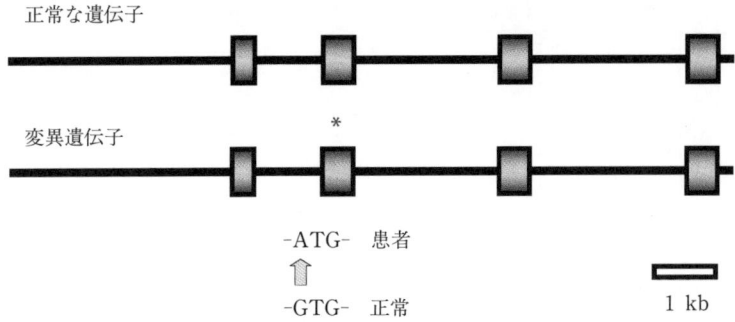

図7 マウスに導入するヒトの変異遺伝子

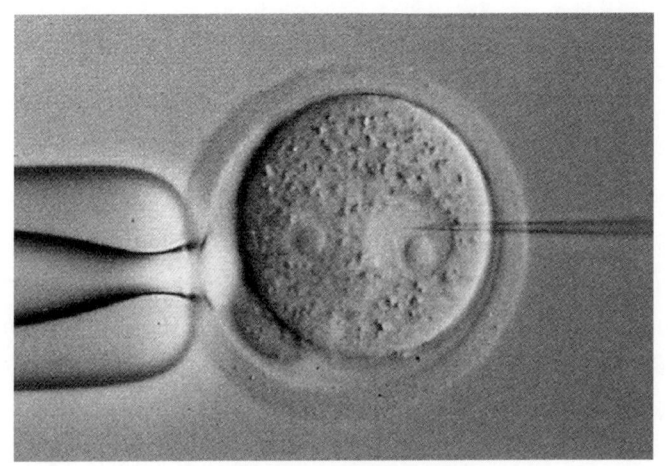

図8 前核への遺伝子顕微注入

基対 (6 kb) を持つコンストラクトも作製した．結果的に，これら3種類のコンストラクトである 0.6-hMet 30, 6.0-hMet 30, MT-hMet 30 を作製し（図7に代表例を記載した），マウス受精卵前核にそれぞれ注入し（図8），トランスジェニックマウスを樹立した．

これらのマウスについて，遺伝子発現の特異性をノザンブロット法で解析

表2 アミロイド沈着

	組織	6ヵ月	12ヵ月	18ヵ月	24ヵ月
正常マウス	心臓	−	−	−	−
	小腸	−	−	−	−
	腎臓	−	−	−	−
	皮膚	−	−	−	−
	坐骨神経	−	−	−	−
Tgマウス	心臓	−	−〜+	−	+〜+++
	小腸	−	−〜++	−〜+	++
	腎臓	−	−〜±	−	+++
	皮膚	−	−〜+	−	−〜+
	坐骨神経	−	−	−	−

マウスの性成熟は,生後8週頃

した。その結果,0.6-hMet 30においては肝臓特異的であり,脳の脈絡叢での発現はなかった。6.0-hMet 30においては,ヒトとほぼ同様に肝臓や脳の脈絡叢において特異的に発現した。MT-hMet 30は,予想通り種々の組織で発現した。これらのマウスの血中のhMet 30量は,0.6-hMet 30,6.0-hMet 30,MT-hMet 30のそれぞれで,FAP患者の約1/10以下,1/1,1/2であり,かつマウストランスサイレチン分子とヘテロ4量体を形成していることが分かった。

　発現量のよいマウスを選択して,生後3ヵ月ごとに種々の組織におけるアミロイド沈着を解析したところ,0.6-hMet 30,6.0-hMet 30,MT-hMet 30の系統で,それぞれ生後18ヵ月,12ヵ月,6ヵ月以降に小腸,腎臓,心臓,皮膚,甲状腺等で沈着が観察され,年齢の上昇とともに沈着量が増大することが分かった(表2)。しかし,ヒトでの特徴である末梢神経や自律神経系にはまったく沈着していなかった。また,遺伝子が発現している組織と沈着組織とは関連しないことから,変異分子は一旦血中に分泌されたのち各

組織に沈着することがわかった。いずれにせよ，アミロイド沈着を観察できたので，それに影響を及ぼす要因の解析が可能となり，解析を進めることにした。

(5) 遺伝子発現，血中レベル，アミロイド沈着の時期的なギャップ

病気の発症は思春期以降であるが，アミロイド沈着がいつから始まるのか不明である。ヒトでは，遺伝子診断はできるものの，発症前の子供のときから，組織をとってアミロイド沈着を観察することはできない。2つの可能性があり，第1は，出生前後から沈着は始まり思春期になり症状発現に必要な閾値を超えるという説である。第2は，アミロイド沈着も思春期以降に起こると考える説である。このため最も発現量の多い6.0-hMet 30系統で，アミロイド沈着を解析した。その結果，すでに述べたように生後1年以降に心臓，小腸，腎臓，皮膚等でアミロイド沈着が起こること，経過とともに沈着量が増大することが分かった。

そこで遺伝子発現の発生段階特異性を解析したところ，胎生13日目にすでに遺伝子は発現していること，血中の変異タンパクの量は，生後4週頃に成人レベルに達することがわかった。このことは，生後4週ですでに十分の変異タンパクを血中に有しながら，アミロイド沈着には1年以上かかることを示しており，その間には11ヵ月以上の時間的なギャップがある（図9）。したがって沈着には何らかの他の要因が関与することを示唆している。

(6) アミロイド沈着に関与する環境要因

遺伝子以外の要因の解析のヒントは，マウスを注意深く解析することから得られた。すなわち，何匹かの1歳齢のトランスジェニックマウスにおいて血中の変異タンパクの量とアミロイド沈着を比較したところ，血中量は多少の変動はあるものの，アミロイド沈着が多量に見られるマウスとまったく見られないマウスが存在することがわかった。これらの実験においては近交系マウスであるC 57 BL/6を用いており，遺伝的背景は同一であり，かつ同

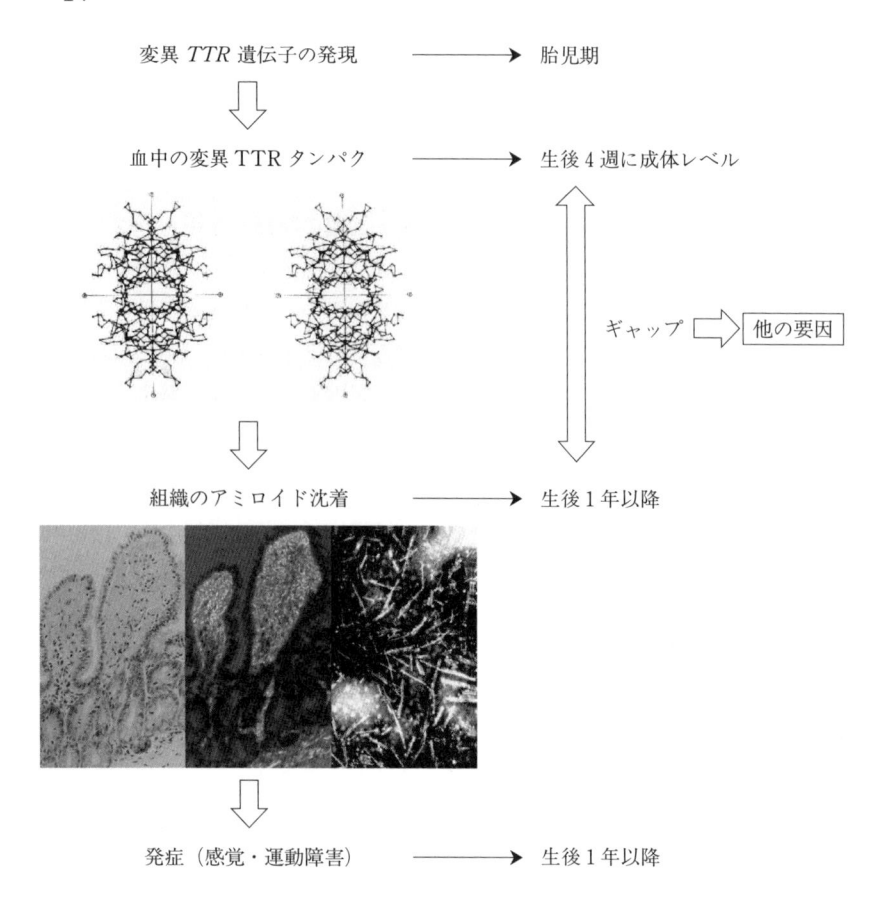

```
変異 TTR 遺伝子の発現  ────→  胎児期
        ↓
血中の変異 TTR タンパク  ────→  生後 4 週に成体レベル
        ↕
                           ギャップ ⇒ 他の要因
        ↕
組織のアミロイド沈着  ────→  生後 1 年以降
        ↓
発症（感覚・運動障害）  ────→  生後 1 年以降
```

図9　遺伝子発現と症状のギャップ

じくヒト変異遺伝子を有している。したがって，このアミロイド沈着の差は明らかに環境要因によると考えられた。そこで2つの異なった飼育環境，すなわちコンベンショナル（conventional：CV）な条件下とSPF（specific-pathogen free）条件下でマウスを飼育し，アミロイド沈着を解析した。CVというのは，病原微生物がいてもおかしくはなく，室温や湿度の管理が十分

第1章 遺伝子情報と環境要因 25

に行われていない環境である。一方，SPF条件というのは，温度および湿度等の環境コントロールが行われ，かつ病原微生物もいない環境である。その結果，CVでは，アミロイド沈着が起こるが，SPF下ではまったくアミロイドが沈着しないことが明らかとなった。このことは，典型的な優性遺伝病であっても環境要因がその発症に大きく影響すること，その環境要因をコントロールすることにより発症を完全に防止できることを示唆している。このことは，遺伝病といえども遺伝子以外を標的として治療法を考案できる可能性を示唆しており，きわめて重要な結果である。

(7) 4量体の解離に関わる要因の解析

SPFとコンベンショナルな環境での違いの一つに，腸内細菌叢が挙げられる。そこで，SPFおよびコンベンショナルでの腸内細菌叢をSPFマウスに移入し，アミロイド沈着の有無を解析した。コンベンショナルな場所として，アミロイド沈着がよく観察されている場所（CV 2）とそうではない場所（CV 1）の2ヵ所を選んだ。その結果，アミロイド沈着がよく観察されている場所の腸内細菌叢を移入した場合にのみ腸管にアミロイド沈着が認められた。SPFやCV 1における腸内細菌叢の変化は飼育中原則として見いだされず，CV 2では共生菌といわれる嫌気性菌の減少，それに反比例して弱毒の好気性菌の増加が観察された。腸管組織を病理組織学的に解析したところ，CV 2における場合，好中球の浸潤が，他の場合に比較し多数であることが分かり，これは弱毒性の好気性菌を攻撃するため浸潤していると思われた。おそらく，この好中球浸潤，引き続いて起こる何らかの炎症反応，そのことによる局所の変化，ことにpHの低下が，4量体の単量体への解離を引き起こし，このことが引き金となって，アミロイド沈着が生じるのではないかと考えられた。

(8) 変性単量体の凝集に関わる要因の解析

ドイツのグループによるトランスサイレチン分子の立体構造の解析から，

10番目のアミノ酸であるシステインが重要な働きをすることが示唆された。すなわち，30番目が正常であるバリンであると，立体構造上10番目のシステインのSH基と57番目のグリシンとの距離が短く，水素結合が可能となる。その結果，10番目のシステインのSH基はフリーとはならない。ところが，30番目が変異型のメチオニンになると，立体構造上10番目のシステインのSH基と57番目のグリシンとの距離が離れ，水素結合ができなくなり，10番目のシステインのSH基がフリーとなり，このSH基が他の分子のSH基とS-S結合を生じ，凝集するのではないかとの仮説である。この仮説を検討するため，3種類のトランスジーンを作製した。すなわち，10番目はシステインで30番目はバリンの正常型，10番目はシステインで30番目はメチオニンの患者型，そして10番目がセリンで30番目がメチオニンのテスト用のものである。それぞれの遺伝子を導入してアミロイド沈着を解析したところ，正常型では全くアミロイド沈着は起こらず，変異型では予想通りアミロイド沈着が生じた。しかし，テスト用では全くアミロイド沈着が生じず，やはり10番目のシステインの重要性が示唆された。この結果は，10番目のシステインを介しての凝集を防げば，アミロイド沈着を防止できる可能性を示唆している。さらに，S-S結合を防ぐには，抗酸化剤，つまりすでに市販されているグルタチオンやビタミンCの効果が期待できるので，重要な結果といえる。

(9) 血清アミロイドP成分タンパクのアミロイド沈着における役割

既述したようにアミロイドタンパクの10～20％は共通成分の血清アミロイドP成分タンパク（serum amyloid P component：SAP）である。SAPは，5量体が2つ結合した10量体の立体構造をしており，その構造はCRPと類似し，急性炎症タンパクとしての役割を持つと考えられている。ヒトとマウスとの間での違いは，ヒトでは急性炎症時に発現が増加するのはCRPであり，SAPは増加しない。マウスではそれと逆で，急性炎症時にはSAPが増加する。カルシウムが存在しないとき，あるいは血中にアルブミンが正

常値であるときは安定な10量体となっているが，アルブミンがない状態でカルシウム存在下では，167番目のグルタミン間の結合により，すみやかに凝集し沈着することが知られている。このSAPの血中濃度は男性のほうが少し高い。一方，平均発症年齢も男性のほうがやや早いことからSAPがアミロイド沈着を促進しているのではないかとの可能性が考えられていた。

この可能性を2つの方法で検討した。第1の方法は，既に開発しているMT-hMet 30マウスを利用することである。すなわち，これらのマウスにバクテリア由来のリポポリサッカライド（LPS）を注射することにより急性炎症を引き起こし，結果としてSAPを誘導し，その時にアミロイド沈着が増強するかどうかを見る方法である。第2は，ヒトSAP遺伝子を導入したトランスジェニックマウスを作製し，このマウスとMT-hMet 30マウスとを交配し両方の遺伝子を持つマウスを作製しアミロイド沈着への影響を解析する方法である。

第1の方法では，LPSを1g体重当たり1μg投与すれば，SAPの血中濃度は4日間は上昇していることが分かったので，5日ごとにLPSを投与しアミロイド沈着を調べた。その結果，LPSの投与にかかわらず，アミロイド沈着の開始時期，沈着量，組織分布とも変化しないことが分かった。ちなみに，炎症に伴う2次性のアミロイドーシスが発生することが分かり，このことはLPSの効果は十分発揮されていることを示している。

第2の方法を検討するため，ヒトSAP遺伝子とMT-hMet 30遺伝子の両方の遺伝子を持つマウスを作製した。しかし，これらのトランスジェニックマウスにおけるアミロイド沈着の開始時期，進展度，組織分布はMT-hMet 30マウスとまったく同じであり，マウス内在性SAPが存在している状況ではヒトSAPが追加されたとしてもアミロイド沈着に何ら影響を与えないことが明らかとなった。

しかし，SAPがアミロイド沈着あるいはアミロイド分解の阻止に関与しているとすれば，SAPを除去することにより，アミロイドの沈着の防止または軽減が期待できる。このため，ペピスらは，SAPとAβアミロイドの

結合阻害を指標に薬剤のスクリーニングを行い，CPHPC（(R)-1-[6-[(R)-2-carboxy-pyrrolidin-1-yl]-6-oxohexanoyl] pyrrolidine-2-carboxylic acid）が候補として選択された。このCPHPCを用いて，①ヒトSAPトランスジェニックマウスに投与すると，血中のヒトSAPがすみやかに減少すること，②カゼイン投与によって引き起こした2次性アミロイドーシスマウスモデルにおいて，沈着していたマウスSAPがアミロイドから分離すること，③ヒト患者においても血清中のSAPが減少すること，④アミロイド沈着部位からSAPが除去されること，⑤投与中止後，正常人ではすみやかに血中のSAPレベルが回復すること，⑥投与中止後，アミロイド沈着のある患者では，まずアミロイド沈着部位にSAPがとられ，血中レベルの回復には時間がかかること，が明らかとなった。血中でのSAPの減少が，アミロイド沈着部位からのSAPの離合を促進しているようであり，血中SAPレベルさえ低下させれば効果が期待できるのではないかと思われた。

CPHPCに関する情報をペピス博士から入手した。それによれば，様々なアミロイドーシス患者約30人に対して治療を開始して2年半になること，現時点で副作用はまったくでていないこと，投与後血中のSAPは激減するが，アミロイド沈着部位にまだSAPは残っていること，このためアミロイド線維が除去され改善に向かうという傾向はないこと，しかし悪化傾向もなく現状維持という感触を得ている。CPHPCの投与量がSAPの量に比較して相対的に多いと，本来だとCPHPCが2つの5量体SAPを架橋して10量体にするところを，そうならず5量体にCPHPCが5分子結合したままになる。この分子のアミロイド線維への結合親和性はSAP単独と同じように高いことから，これがSAPがアミロイドに残っている理由であると思われる。したがって，最初の投与量は多くして，SAPの血中レベルが減少したところで，投与量を減らすという方向で検討しているとのことである。いずれ近いうちに，CPHPCは認可され市販されるとのことである。

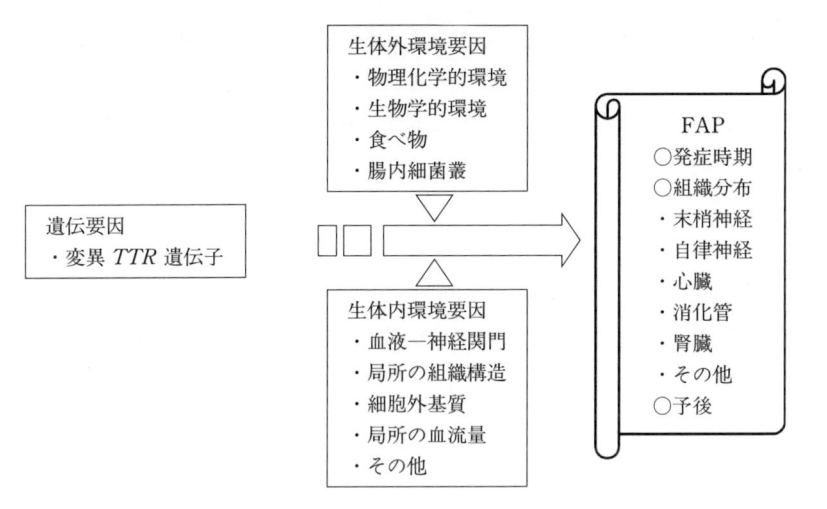

第1章 遺伝子情報と環境要因 29

図10 FAPにおける遺伝と環境要因

⑽ **FAPのまとめ**

FAPの主たる要因は，変異遺伝子（異常遺伝子）の存在である．これが前提となる．そのうえで，生体外の環境要因としての物理化学的環境，生物学的環境，食べ物，腸内細菌叢等，あるいは生体内の環境要因としての血液・神経関門，局所の組織構造，細胞外基質，局所の血流量等が関与し，最終的に発症時期，組織分布，予後を決定していると考えることができる（図10）．大事なことは，これらの遺伝子以外の要因を明らかにし，それをコントロールできれば，遺伝病だからといって遺伝子を対象とした治療が必ず必要なわけではなく，病気の発症を未然に防ぎうることが示されたことである．

おわりに

現在までに得られている遺伝情報は不完全であるが，もし十分な情報が盛

り込まれた場合には，何が起こるであろうか。例えば，将来糖尿病になりやすいことが予知でき，それに対応する方法もきちんと指示された場合，人としてどのような気持ちになるのであろうか。病気の場合は，健康のまま一生を終えることに関連するのであるから，まだ十分に心の準備はできるであろう。しかし，もし仮に性格や能力から，将来の仕事の適性までもが子供のうちに判断されてしまったとしたら，どういう一生を送ることになるのか。すべてが遺伝情報だけで決まらないとはいえ，チャレンジする意欲がそがれ，まことに味気ない世の中になるのではないかと危惧している。

参考文献

Iwanaga, T., Wakasugi, S., Inomoto, T., Uehira, M., Ohnishi, S., Nishiguchi, S., Araki, K., Uno, M., Miyazaki, J., Maeda, S., Shimada, K. and Yamamura, K.: Liver-specific and high-level expression of human serum amyloid P component gene in transgenic mice. Dev. Genet. 10: 365-371, 1989.

Kohno, K., Palha, J. A., Miyakawa, K., Saraiva, M. J. M., Ito, S., Mabuchi, T., Blaner, W. S., Iijima, Tsukahara, S., Episkopou, V., Gottesman, M. E., Shimada, K., Takahashi, K., Yamamura, K. and Maeda, S.: Analysis of amyloid deposition in a transgenic mouse model of homozygous familial amyloidotic polyneuropathy. Amer. J. Pathol. 150: 1497-1508, 1997.

Mulvihill, J. J.: Nature Genetics 9: 101-103, 1995.

Muenke, M. and Schell, U.: Trends in Genetics 11: 308-313, 1995. Murakami, T., Yi, S., Maeda, S., Tashiro, F., Yamamura, K., Takahashi, K., Shimada, K. and Araki, S.: Effect of serum amyloid P component level on transtyretin-derived amyloid deposition in a transgenic mouse model of familial amyloidotic polyneuropathy. Am. J. Pathol. 141: 451-456, 1992.

Nagata, Y., Tashiro, F., Yi, S., Murakami, T., Maeda, S., Takahashi, K., Shimada, K., Okamura, H. and Yamamura, K.: A 6-kb upstream region of the human transthyretin gene can direct developmental, tissue-specific, and quantitatively normal expression in transgenic mouse. J. Biochem. 117: 169-175, 1995.

Pepys, M. B., Herbert, J., Hutchinson, W. L., Tennent, G. A., Lachmann, H., Gallimore, J. R., Bartfai, T., Alanine, A., Hertel, C., Hoffmann, T., Jakob-Roetne, R., Norcross, R. D., Kemp, J. A., Yamamura, K., Suzuki, M., Taylor, G. W., Murray, S., Thompson, D., Purvis, A., Kolstoe, S., Wood, S. P. and Hawkins, P.

N. : Targeted pharmacological depletion of serum amyloid P component (SAP) for treatment of human amyloidosis. Nature 417 : 254-259, 2002.
Shimada, K., Maeda, S., Murakami, T., Nishiguchi, S., Tashiro, F., Yi, S., Wakasugi, S., Takahashi, K. and Yamamura, K. : Transgenic mouse model of familial amyloidotic polyneuropathy. Mol. Biol. Med. 6 : 333-343, 1989.
Shimada, K., Maeda, S., Wakasugi, S., Murakami, T., Araki, S. and Yamamura, K. : Molecular genetics of familial amyloidotic polyneuropathy. Enzyme 38 : 65-71, 1987.
Takaoka, Y., Ohta, M., Miyakawa, K., Nakamura, O., Suzuki, M., Takahashi, K., Yamamura, K. and Sakaki, Y. : Cysteine 10 is a Key Residue in Amyloidogenesis of Human Transthyretin Val30Met. Amer. J. Pathol. 164 : 337-345, 2004
Takaoka, Y., Tashiro, F., Yi, S., Maeda, S., Shimada, K., Takahashi, K., Sakaki, Y. and Yamamura, K. : Comparison of amyloid deposition in two lines of transgenic mouse that model familial amyloidotic polyneuropathy, type I. Transgenic Res. 6 : 261-269, 1997.
Tashiro, F., Yi, S., Wakasugi, S., Maeda, S., Shimada, K. and Yamamura, K. : Role of serum amyloid P component for systemic amyloidosis in transgenic mice carrying human mutant transthretin gene. Gerontology 37(suppl 1) : 56-62, 1991.
Wakasugi, S., Inomoto, T., Yi, S., Naito, M., Uehira, M., Iwanaga, T., Maeda, S., Araki, K., Miyazaki, J., Takahashi, K., Shimada, K. and Yamamura, K. : A transgenic mouse model of familial amyloidotic polyneuropathy. Proc. Jpn. Acad. 63 (B) : 344-347, 1987.
Yamamura, K., Wakasugi, S., Maeda, S., Inomoto, T., Iwanaga, T., Araki, K., Miyazaki, J. and Shimada, K. : Tissue-specific and developmental expression of human transthyretin gene in transgenic mice. Dev. Genet. 8 : 195-205, 1987.
Yi, S.,Takahashi, K., Naito, M., Tashiro, F., Wakasugi, S., Maeda, S., Shimada, K., Yamamura, K. and Araki, S. : Systemic amyloidosis in transgenic mice carrying the human mutant transthyretin (Met30) gene : Pathological similarity to human familial amyloidotic polyneuropathy, type I. Amer. J. Pathol. 138 : 403-412, 1991.
Yi, S., Takahashi, K., Araki, S. and Yamamura, K. : Transgenic mouse model of familial amyloidotic polyneuropathy type I : its production, biological features, and usefulness. Laboratory Animal Science 45 (2) : 173-175, 1995.
Zhao, X., Araki, K., Miyazaki, J. and Yamamura, K. : Developmental and liver-specific expression directed by the serum amyloid P component promoter in transgenic mice. J. Biochem. 111 : 736-738, 1992.

第2章

情報環境と人間

中山 將

はじめに

　情報社会の到来が喧伝されて久しいと思ううちに，われわれをとりまく環境の情報化は急速に進行し，複雑化の度を強めつつある。パソコン操作を必須教育とすることは，すでに小学校低学年まで降り，携帯電話の普及は，当然ながらパソコンよりも急速かつ広範になっている。街頭であれ傍らに人がいようと，不在の相手とにこやかに会話をし，電車に乗れば親指でボタンを操ってひとり黙然と画面を見つめる姿は，ノートパソコンを携行し，合間を盗んでキーボードを叩く姿を，数の上では遥かに圧倒して日常化した。

　しかしながら，時と所を問わず連絡がつく便利さは，商品の売買を直接化し，独居老人の消息把握を容易にし，親しい間柄に私秘的会話を確保する一方で，社会的側面においては，文字どおり傍若無人な神経と振る舞いを助長している。親密な関係が電波を介して確保されれば，身を置く現実空間を共有する他者の存在は途端に意識から遠のき，私秘の公演をまったく意に介さないのである。一方，インターネットが開く電子コミュニティは，目的さえ共有できれば赤の他人とも死出の道連れになることを厭わない孤独者を誘う。生身の接触を避け，電子情報を通じて共通の目的にのみ集散する匿名の孤影群が浮かび上がる。

　情報概念は生命科学を始め，種々の学問分野で述語として用いられ，20世紀における「言語」に代わって，「情報」があたらしい世紀を見通す思想のキーワードになりつつある[1]。言い換えれば，「情報」の視点からの統一的世界像が構想され得るのである。しかしながら，そこには生命を機械論的に扱うことでよいのかという疑念がついてまわる。裁断の奇麗さは，得てして生身を犠牲にしかねない。「情報」という不可避の視点から何が見えてくるか，環境としての情報がいかなる状態にあるかの考察を，日常を生きる人間の在り方を基盤に試みる。

I. 情報の成立

(1) 主体性

　翻訳語としての「情報」の出自が軍事用語であったとしても，日常用語としては短期に有効な断片的知識を指し，社会における種々の活動分野それぞれに，大小さまざまな価値を帯びる知的素材として扱われる。いわゆる情報科学においては，情報は理論的裏付けと機械的処理を通じて発受される。一方，生命科学での情報の授受は，物理化学的な刺激と反応に関わる。この分野への情報概念の適用は，語史上は転用であって，術語としては再定義による[2]。しかしながら，各分野が情報概念を共有するからには，情報とは何かの共通理解が必須となる。

　生命科学を含み，各専門分野を横断し，かつ情報科学をも視野に入れた情報概念は，生命体である主体が，環境世界の中でこれとの，また他の主体との相互作用を通じて生きることのうちに位置付けられてよいと考える。とすれば，情報とは，「生命体である主体が自分以外の存在と関係を結びつつ，自分の生の活動にとって必要な作用をこれと交換する営み」，ということになろう。必要な作用とは，他者（自分以外のもの）の働きかけを己への刺激と受け取り，自分の生命活動にとってのこれの利害を判別すること，判別に応じて反作用をもって対応することの二面である[3]。自分にとってという視点は，生命体が主体として世界を再組織する発端となる。

　刺激の利害の判定が情報営為における意味ないし価値の了解であり，了解に基づく反応が情報営為における行為である。行為は他者にとって刺激となれば，他者への発信という側面を帯びる。その意味では，受容（受信）が作用（発信）を成立させるともいえ，反作用は他の受容をまって作用ともなるのである。相互性は単に特定二者間に終わらず，他の一者を得てあらたな相互関係を生じ得る。このような相互関係の錯綜を，生命体の生命活動はおのずと生ぜしめるのである。

生命体は，細胞から動植物や人間まで，種々の階層に及ぶ。生命体が一生を終えるまでの活動を考えるとき，また生命体といっても生物次元に還元できない人間のような存在をも含めるとき，主体の活動は生命体の生存活動に尽きず，生活活動，文化活動への次元高進の可能性をもつ。階層性の把握は，相接する2階層間の関係をどうみるかにある。上位層は下位層に還元できず，後者を「統合」しつつ「超え出る」。ホフマイヤーは，下位層への還元不可能性を上位層における「創発」に帰するが，上位層は下位層を「包含」するのみである[4]。

　周りとの相互作用を行う主体という設定は，生命体が単に物理化学的法則にしたがうのみの存在ではないことを意味する。主体性には何らかの自由度が含まれる。もし，法則に従うのみの活動であれば，それは単なる物理化学的変化であって，主体という視点は必要ないからである。生命体は個体としてみずからの境界をもち，個別に運動し，自分以外のもの（他者）との出会いを知覚として経験する。主体とは，このような他者との出会いの中で成立する生命体の在り方をいう。

　この主体性をめぐって，ヴァイツゼッカーと共に木村氏はもう一つのより根源的な主体性を認める。生命体がその根拠である生命一般に関わる在り方である[5]。二重の主体性は，後者の方向付けに前者がしたがうという関係であり，他者との出会いは，生命との関わりを根源において方向付けられているのである。このときの方向は，生命一般のおのずからの動向が，生命体の生活という個別性において具体化されることであり，後者が前者の動向に背くことを回避しようとするはずのものである。生命体はしかし他者との関わりを通じて（生命一般の次元と異なる）特殊の生を生きるほかないのであり，生命活動は必然的に環境因子の影響を受ける。

(2)　受信の先位

　他者との関わりにおいて，生命活動には快感原則がはたらき，苦を回避し快を追求する動向は，主体性の自由度との関わりにおいて，快の内容を変え

ていく。何を快とするかは，欲求にかかる。欲求は次元高進を孕み，人間の場合，官能から精神的段階を経て宗教的次元にまで進み得る。より上位の快のためには必要な苦にも耐えることも，快感原則の内にある。しかし，数々の利便を工む発明は，これらの苦をできるかぎり解消しようとする。かくして，快のために苦があることは忘れられ，快という成果のみの追求に走るとき，利便という快の享受は苦の甘受を通じてきたえられる心身を軟弱なままに放置する。

　以上のことは直ちに情報の営為に関わる。他者との出会いにおける情報授受は，現在時点で継起的に進行するだけなのではなく，生命的根源からの吟味を受けることをも意味する。生命体は他者との接触に際し，自他の区別をし，必要な作用交換を行うが，これは代謝を促す刺激に反応すること，つまりは「代謝情報」を得て代謝作用を行うことである。刺激と反応に基づく物質交換（摂取と排出）としての代謝は，生命体に対する無数の外的他者との関係のうちから選択がなされ，その中で作用反作用の相互性が生じることを意味する。ここに生命一般（zōē）は，生命体の生命活動（bios：生存活動と生活活動）をその具現態として，「生きる」というおのずからの潜勢のまま，個々の生命活動の在り方を方向付けることになる。

　この zōē の bios に対する根源性は，生命体をとりまく環境世界の中で，bios そのものの在り方を守ることにもなるはずであるが，人間の生活活動と文化活動をみると，人間のみならず，人間と生存空間を共有する他の生命体の在り方に，否定的な影響を与えることが考えられよう。他者への順応における bios の変化，bios の変化を律しきれない（生命体に分有される）zōē の力の減弱である。両者の関係には，根源に発して進化する生命体の在り方が，その先端においてみずからの根源に逆らい，これを離脱しようとするかのような傾向が窺われる[6]。

　人間もまた生命体であることを，どのように解すべきかが問われる。上ですでに，人間が生物次元に還元され得ないとされたことを，生物学ないし生命科学の言葉で記述ないし説明できるとする考えもあるからである。人間の

文化生活の次元も，IT機器操作の場面も，生物次元を基盤にするものではあるが，他の生物ないし生命体との共通言語で記述するのみで終われば，それは外からの過去態を見る目を維持しているからであり，そのように記述する者自身の内からの現在態を生きる目を排除するからである。前者は後者のための資料であって，前者の首尾一貫性は，後者にとっては説明でしかない。本論考は後者のためであろうとする。

先に受信が発信を成立させると述べたことは，人間の日常においては，可能性としてあたりに充満する存在関係が，主体の受容性ないし関心に応じて把捉され了解されて初めて発信となることを意味する。この発信は，この主体に宛てた特定の意図的発信でない場合がまず基本的であり，その意味での発信成立とは，結局受信と対応しての情報成立ということにほかならない。受信の先位は，刺激に開かれた方向性（感受性や関心）と利害に直接する選択が，主体の他者ないし世界との交渉の発端であることを意味する。人間における意図的発受は，この生命体のはたらきを基盤にしたものである。感受が生命の根源との結びつきを弱めれば，快をのみ選び続け，情報営為においても速さと好感という利便性の感性的積極面に執着するにいたる。

II. 情 報 と 知

(1) 情報の3段階

生命体の生命活動を支える情報営為は，人間にとり観察をつうじてあらためて生命情報となる。あらためてとは，人間の観察がなくとも不断に継続する生命活動の中で役割を果たしている，生命体にとっての情報とは次元を異にして，人間が知（の素材）として生命体から獲得する情報という意味である。いわゆる遺伝情報には，さしあたりこの二面が含まれる。遺伝子が生来もつ当該生命体の生長の基本的な設計と，それを科学的に解明した結果としてのデータとであるが，遺伝情報にはさらに，個人に固有の遺伝子保有が社会的な影響を持つ局面がある。

この3つの局面は，他の情報にも共通するであろうことが考えられる。①第一次情報：観察以前の生命活動ないし自然活動における情報，②第二次情報：観察によって得られる事実情報（人間にとって知となった第一次情報），③第三次情報：社会的視点からの意義を帯びた第二次情報の扱い，の3つである[7]。インド洋における津波発生の場合であれば，現地での海底地震に伴う海洋現象と惨事，現象と被害状況の事実伝達，対策と支援の視点からの状況報道，の3段階である。

人間にとって第一次情報は潜在的であり，第二次にいたっていわゆる狭義の情報といえるが，ここから事実情報を理解解釈して進む知の領域が展開する。先に「知（の素材）」と書いたのは，情報概念は，単なる事実を伝える段階と，それを素材として思考という高次の営みを展開して得られる知の段階の，2つを含んで用いられ得るからである。知的営為の所産を伝える論文など著作の類は，単なる事実情報とは異なるが，しかし読む，理解する，解釈するという受容の営みを通じて漸く文字の意味するところへ達することを考えると，文字による記述は当座第二次情報段階にあるともいえよう。

このように伝達と共有を図って流布される知の形態は，あらためて単なる情報段階から思考に対応する知の段階への到達を予定するものといえる。とすると，情報は単なる事実を伝えるもののほかに，文字という読解の素材にあるものを含み，結局両者とも知の素材段階のものといえる。第二次情報とは，したがって少なくとも2種（事実としての素材，さらなる思考に供される思考の結果としての素材）を含む知の素材情報と呼ばれてよい。知の領域における展開にも，事実知，思考知，英知という3段階の次元高進が認められよう。

第二次情報は，第一次情報がヒト（生物学的次元）ではなく人（人間学的次元）にとって初めて情報「となる」ことを意味するが，第三次情報は，第二次情報に関する社会の反応や扱いが考慮に値する場合の，当該情報の身分に関わり，あえて情報「とする」か否かの判断が問われるのである。第二次の情報「となる」場合でも，いかに情報「とする」かは常に問題となるとこ

ろである。たとえば，新聞の社会記事でも歴史上の事件でも，何が事実かは報道する者の把握如何で変わり得ることは，つねづね痛感されるところであろう。

情報「とする」の問題性は，情報にまつわる倫理的判断の岐路と知的評価の必要な場所を示す。前者は自分の知り得た情報を，発信によって生じる情報当事者への社会的利害を踏まえた上で，あえて他者に発信する，あるいはしないことである。受信した情報を他者への情報とするか否かが，戦局をあるいは金融市況を大きく左右することは喋々するまでもない。この場合の発信は，受信した者がそれに基づき行為するところに，情報当事者への利不利が明らかになる。情報「とする」ことへの知的評価とは，言い換えれば事実とは何かに関わり，真実性の視点から情報内容を評価することである。事態の相貌が事実の解釈や新事実の発掘によって変わることは，裁判や歴史叙述においてよくみられることである。

情報「となる」とは，一つには潜在的次元から顕在化したことを，二つには言語化ないし記号化されて伝達と共有の地平に上ったことを意味する。ただし，ここでは情報に値するか否かの判別による淘汰が十分ではないことを考慮する必要がある。情報には，不十分なもの，誤ったもの，古いもの，人によっては知るに値しないもの，操作的なものなどが混在する可能性があるからである。情報営為が意図的になるとき，情報「とする」ことがこのような否定的なものを大量に許容することを顧慮すべきであり，情報「となる」ことが肯定的に知的営為の素材たり得るか否かは，受け取る者の選択にかかる。選択は関心の在り処や志向の高さによっても左右される。

(2) 心身関係

情報「となる」ものは，人にとって外的な事象にかぎらず，自分自身の内にも見出される。ヒトと人の階層構造である。ヒトの属する生命体次元の情報は，生命科学の驚異的進展により，人にとっての第二次情報としてその量を増大させつつある。しかし，人が日常を生きるとき，このような科学情報

のみを支えとするわけではない。人が身体であり，身体としてあり，身体を生きるのであるかぎり，人は己の身体の情態を把握し，その影響を受けつつ生活していることが，人の現実的在り方の根本にある。

　この受信は，身体の情態を情報として把捉し，相応の配慮をする基になることを意味する。情報受信は行為を基礎づける。身体の情態を捉えるとき，身体の発信が聴取されたことになり，心身関係は情報関係の側面を帯びるに至る。この受信と行為において，人はヒトの次元を超え，これを統合すると解される。なぜなら，この受信は人の視点と関心に即応するものであり，ヒトの身体次元における単位生命体の水平的感受ではないからである。言い換えれば，潜在的情報が顕在化しつつ，個人にとっては第二次情報として伝達と共有に資する前の私的情報である。

　私的な身体情報は，心身関係を程よく保つのに必須のものであるが，身体の健康を維持するにはむろん不十分である。身体の潜在情報を科学的情報として取り出し，医学的に適切な対応を施す必要が生じ得るからである。ここに，心身関係の均衡を保つ難しさがある。身体の情態把握を怠り，いつのまにか健康を害することがあり，また心が病んで身体からの受信が狂い，拒食や過食が起こることがある。一方，身体が病んでも，心による人の統合作用がヒトの身体を超えるとき，人として健常を保ち得るのである。心身関係は情報関係として相互性を含みつつ，究極には心の優位が支えることになる。

　私的身体情報と心身関係の維持には，先に述べた zōē による bios の方向付けが与っているはずであり，身体情報の受信はそうすると bios の根源に zōē の声を聞いていることが考えられる。ここに zōē から bios へのはたらきかけと，心がそれに耳を傾けることとの対応がある。いずれの場合にも，射程は短くもなり得，そのとき人は根源を離れがちになる。当面の bios の要求に加担するか，心の赴くままに bios をなおざりにするとき，zōē の影響が弱まり，その根とのつながりが細り始めるのである。人によるヒトの，心による身体の統合とは，zōē による bios の方向付けを，本来の射程のままに心の方から聞き届けることといえよう。

この心ないし精神の健常は，情報の視点からみるとき，先述の3段階の次元高進を秘めており，情報はそのための素材となっている。逆に，素材に留まるかぎり，（第二次）情報はいずれ捨てられるか，忘れられる。むろん，保存されればいつか知へと加工されることもあり得るが，保存に値するか否かは，情報の事実性，真理性，芸術性による。情報媒体は文字，記号，図形，画像，音響等，様々だからである。

 これら情報媒体の多様を「しるし」とみ，情報の受信を「しるしづける」ことと解すると，情報から知への高進を可能にするのは，「しるし」が担う意味ないし価値であることがわかる。これは第一次でも第二次でも同じであるが，第三次情報においてさらに高次の意味ないし価値が付与されることに注意を要する。意味ないし価値は，主体によって狭くも低くも設定され得るが，本来的には倫理的によりよい生をめざし，根源的には bios を zōē の声にしたがわせるところから位置付けられるべきものである。

III. 環境としての情報

(1) 情報環境

 情報の視点からみるとき，主体をとりまく他者群は，関係をむすぶかぎりにおいてはすべてが情報営為の相関者となるのであるから，直ちに情報環境といえそうであるが，そうであれば，単に自然環境や人工環境の異称に過ぎなくなる。今，情報環境として考えるべきは，やはり電子メディアによる情報授受が，現代人に特徴的な環境行動の一をなしている状況であろう。環境と化している情報とは，生命体が生命活動を維持するために必要な自然環境ないし人工環境との交渉において営まれる情報営為ではなく，機械化された経路を含む情報営為とその相関者（情報機器と情報機器を通しての相手）のことである。これは第二次情報の処理方式の機械化であり，さらには情報機器の増殖と機器操作の日常化に伴う環境形成に関わる。

 パソコン，携帯電話，TV，CD，DVD等の電子機器が，文字や音声によ

る言語情報，画像や映像による視覚情報，音楽等の音響情報を提供しているが，これらはいずれも発受信の途中経路をディジタル化したものである。この数値化が伝送の精度を格段に上げ，保存と編集加工を容易にし，3次元シミュレーションを可能にした。機器の発達に添って，微少なコンピュータを物品に埋蔵するという，ユビキタス計画が進行中である。電子環境は空間的にも一層きめこまかに広がりつつある。

　電子メディアにより，利用者にとっての時間空間の変容は著しいものがある。インターネットが典型的であり，機器さえあれば，地球上の任意の2点を瞬時に結び，遠隔地の出来事がリアルタイムで見聞できる。距離の喪失，空間の縮小，時間の同時性は検索にもあらわれ，かつては調査にかかった時間を極度に短縮する。この便利さは待つことを耐えがたくし，時空の距離を楽しむ喜びを失わせる。精神や成長が時熟するものであることを思うと，この結果を待ち切れない焦燥感の大量出現は，人間社会の今後を考えるとき，何か不安なものを感じさせる。

　利便の進展と増殖は，知の欲求とともに果てしなく続く。とすれば，利便のもたらす負の側面を補うしかたを考えざるを得ない。人間が生活する日常の時空間は，人間の有限性に対応する自然のもたらす恵みの枠組みであって，それを享受する基盤は，人間が現にそれである身体である。身体性こそ，その成長や意識のはたらきとともに実感される時間，その占める体積や運動とともに要する空間，感覚に基づき感情を産み出す感性ともども，人間が現実に生きる基盤なのである。補わるべき負の側面とは，したがって主として身体性への否定的影響である。

　身体はそれ自体空間的存在として，現実の空間内で他の空間的存在と交渉的関係をもつ。一方，電子機器がもたらすサイバースペースは虚の空間であって，これに没入することは，身体性をもとにした空間感覚を稀薄にするおそれがある[8]。空間的距離を越えて瞬時に結ばれたとしても，二人の間は身体的接触を可能にする対面関係ではない。人間が行う世界との交渉が，本来身体を基にしたものであるから，何かを省略した交渉は想像力をもって

か，あとからの追加によって補うほかはない。利便が何かの捨象で得られるとしたら，捨てられたものを別の仕方で取り戻すことを同時に考えるべきであろう。抽象が機能の高度化である反面，捨象は生命活動の十全さを減弱させる。

　身体についてのもう一つの気掛かりは，インターネットに向かう者が，見えない相手や情報と関わることに熱中して，身近な他者との生身の接触をも減少させる傾向である。今，身を置いている現実空間を共にする他者との親近な交渉をしないとしたら，人は初めから虚の空間に住みつくことを通じて，現実空間内での孤独をあえて選ぶことにもなろう。また，長時間，機器の前に坐り続けることからくる身体の抑圧と電磁波への無防備な曝露は，心身の均衡と健康にとって好ましい生活とはいえないであろう。ここにも補償を要する局面がある。

　インターネットで得られる情報の質はさまざまである。そこには，情報「とする」ことの是非について何の基準もみられない。何もかもが情報「となる」可能性があるとすれば，情報を探す者は，得ようとする内容の質や焦点に照らしてあてどなく探しまわるほかはない。この状況は，自然環境や人工環境において，関心のないものをやり過ごして関心の的を探すのに似ていなくもない。情報状況が自然化しつつあるといってもよい。図書館の検索はまだ水準以上を相手にしている。インターネットの情報検索は，むしろ現実空間に空いた虚の穴からとめどなく溢れ出る川砂（雑多な情報）からの砂金選鉱（真に求める情報の選択）にも似る。

(2) 主体の行為

　このような情報環境にあって，主体はいかに行為すべきか。情報営為は，あくまでも主体が現実世界において有効な行為をするための基となるものに過ぎず，それ自体が目的になることはあり得ない。行為主体としての人間は，身体性を展開しつつ知的活動を行うのが本来であり，一方を抑圧して他方を専らにすることは，全体の均衡のとれた展開からみて望ましくないこと

は明らかである。IT機器による情報営為は，そのあり得る負の側面を必ずどこかで補う仕方を伴ってなされるのでなければならないであろう。

　古来，利便は労苦の軽減のために求められ，得られた閑暇は教養や他の有意義な活動に向けられることが期待された。利便はしかしさらに他の利便の追求に赴かせ，利便そのものの享受にあらたな喜びが生まれている。この享受は人間性にとって必須のものとはいえないが，人間はこのような浪費に近い時間消費をあえて楽しむ傾向がある。忘れてならないのは，人間は身体を生きる存在であることであり，それを等閑に付すところに必ず報いが生じることである。

　情報環境における主体的行為は，したがって発受信における選択と身体性抑圧の補償を旨とする。言い換えれば，利便の活用と身体への自律的配慮である。利便性が高度の機械化電子化を遂げ，利器の連鎖が環境性の度を増すにつれ，身体的自然の根本動向を誤たずに聞き届け，それに添うた行為を果たすことが求められる。ここに機械と身体との対比的接近と異なりの際立ちが示唆される。進化論的視点から，人間の文明がコンピュータの出現において頂点に達し，人間が身体的制約を脱して機械と連続するにいたったという見方があるが[9]，一般に生命や身体や人間の機械論的見方には，きわめて一面的なところがある。

　機械は自然や生命体の機能の抽出とその高度化であり，生命の有機的活動を離れるものであり，また道具である以上あくまでも手段であって，それ自体が目的にはなり得ない。機械は何よりも行為の主体たり得ない。機械論的人間観は，その意味で人間の主体性を蔑するものといえよう。脳のはたらきの電子的外化の側面についても，電子機器の増殖が脳のはたらきの液状化的展開を思わせながらも，主体的活用を求める存在とみなさるべきである。利便は主体的に活用してこそのものであり，道具に頤使されては本末顛倒であることはいうまでもない。文明文化のすべては自然の基盤の上のことというのも，反省という再帰的自己言及的活動において，自然の進化論的動向に違和を生じ，人間において自己疎外への動性が窺われる以上，そのように論じ

る人自身の在り処を慮外にした言説にひびく。

　コンピュータが記号操作によるものであることと，思考を記号操作と捉える記号論的立場から，精神と機械の区別があいまいになり，両者の連結と一体化さえ言われるのは，機械の視点からの精神観であって，感情を排除した悟性的精神に限定される。感情は身体性と不可分であり，意味は身体による世界との関わりにおいてこそ十全に把握される。意味は「しるしづけ」の多様性において，一義的から多義的内容まで含み，悟性から感性までの働きに対応する。感性は身体とともにあり，感性の豊かさが意味の豊かさにつながるのであるから，無意味に耐えられず，意味を追求してやまぬ人間にとり，身体の適正な尊重は根本的に重要といわざるを得ない。情報環境が身体性の軽視につながるとしたら，主体は情報環境行動を行うとともに，身体性への補償行為を必須とするのである。

IV. 情報の特異性

(1) 仮想性と機会性

　機械情報の際立った特徴は，ヴァーチュアル・リアリティである。3次元CGの，あたかも実在の空間に入り込むかのような画像展開は，かつてないすばらしいシミュレーション効果をもたらす。したがって，建造物の仮構検討や乗り物の想定訓練としてはすぐれた効果をあげるが，実感享受の面では注意を要する。仮想空間は疑似空間であり，仮想体験は疑似体験であって，疑似は現実に代わり得ない。人間はしかし，それを承知で楽しむことを心得ている。芸術はイメージのもつヴァーチュアリティを基盤にする美的（感性的）営為である。芸術にも共通するこの承知が，得てしてイメージ世界の享受にのめりこむことを許す。

　現実が抑圧に満ちていると感じるとき，仮想現実は解放空間となる。白昼夢でなければ，理想の楽土である。理想が描きにくいとき，人は白昼夢に逃げ込む。解放空間として有効であるかぎり，仮想現実はその享受対象として

の役割を保つ。ヴァーチュアリティにも実感としてのリアリティが伴う。仮想現実の魅力は，一つにはこの疑似現実感にある。仮想であることを承知で，人はこの現実感を楽しむ。しかし，疑似現実感が日常の現実における実感を凌駕するとき，享受は没入に変わり得る。疑似を承知しながらも実感の強度に惹かれるとき，あえて己にこの魅了を許し，反復し，依存する可能性が兆す。

　日常における身体と感性の抑圧は，現実からの逃避を誘う。都市空間にあって人工物の過剰に囲まれ，都市特有の気象にさらされ，電子機器への応対に疲れ，わずかに取り込まれた断片的自然に徒な癒しを求める。そのような生活者の bios と感性は，zōē という根源からの回復を希求して得られないままである。疲れた感性は，表面的享受に誘う仮想現実に取り込まれ易い。そこから引き戻すものは，やはり根源的生命であり，その声を聞き漏らさぬ統合への心であろう。身体とともに zōē の声を bios に反映させること，それが情報環境における主体の留意点であった。

　情報は価値を帯びる。素材に留まりつつ機会性に密接な情報の場合，機会を逸しないかぎりで価値をもつが，逸すると周知のことに終わって今更の事実と化す。このことは軍事や時事的情報に顕著である。情報はまた所有者に力を付与する。情報の集中するところに状況判断の確かさが保証され，行為の的確さとそのゆえに他に対する優越が可能になる。価値と力を帯びるなら，他人よりも一刻も早く速く情報を得ようとする。IT 機器はそのことの性能を高めつつあるが，情報をみるのに「何が本当に大事であるか」という別の評価基準があることも忘れてはならない。

　価値はある人，立場，状況「にとって」評価されることがあり，また普遍的な価値付けによるものもある。片々たる素材としての情報を追い掛ける日常は，気の休まることとてないであろう。むろん，それが当面の価値と力を追う仕事の実態であろうが，ひるがえって人間にとり何が大事かとの視点から日常を顧みたとき，望ましい知的営為の素材となる情報は，別の様相を呈してくる。人間にとり「本当に大事な」ものは少ない，また単純である。そ

れに気付くのも知的営為の末である。

(2) 電子言語

　主体は環境との関係において，環境を同化しつつ環境に適応する。情報環境が今や生活と業務いずれにおいても必須の要件となっている現状では，これを同化しこれに適応することが典型的な現代人のすなわち生活することともいえようが，この「環境の主体化」「主体の環境化」[10] が主体の疎外状況を招来してしまうのは，情報営為のすぐれた利便性に伴う負の側面のゆえであった。身体性への否定的影響と，それを介した生命活動そのものの変容である。

　IT 機器やインターネット操作に関し，生命体の生命情報が機械情報となり，機器操作が身体と感性を抑圧する状況をみるとき，このような情報環境の増殖と拡大が，人間をして生命の根源との結びつきを弱め，ひいては引き離しかねない恐れを抱く。このことは環境問題でも気付かれたことではあるが，情報機器は脳のはたらきの電子的外化の様相を呈するだけに，生命進化の果てに bios が zōē を離れる，あるいはそのことを通じて zōē が自己疎外に向かう趨向が見て取れるのである[11]。

　この方向が不可避とすれば，情報機器の道具性をあらためて自覚し，情報環境の中での主体性のあり方を確保する必要がある。人間が身体としての在り方を基に，他者と世界と交渉するのが基本的だとすれば，情報授受は行為のためであり，行為においてこそ，人間は人間らしくあることに思いを致さねばならない。人間らしさは思考という知的営為とその極の英知に支えられる。情報営為は知的営為の素材的行為にすぎない。知的とは悟性的ということではなく，感性の意義を十分心得た態度のことである。

　情報営為の特徴の一，「しるしづけ」は，物へのしるしづけとその読解を含め，思考と物を媒介するが，「しるし」が他者と共有可能なシンボルの場合，情報営為の社会性の次元が開ける。インターネットによるあたらしいコミュニケーションの可能性を指して「電子民主主義」なる言い方さえ生まれ

て，書き込みによる直接民主主義的議論の場（電子アゴラ）や，読みたい文章を自由にリンクさせて読むテキスト構成（ハイパーテキスト）が，かつてないものとしてもてはやされるのであるが，情報「とする」「となる」の考察より，手放しの称揚が危険なことは自明である。

対象とするシンボル体系は，電子ライティングスペース上に展開され，対話的構造をとるとしても，ここでの相関者は互いに面識なく，字面での応答を重ねるのみである。対話はやはり対面を基礎とする。対面の意義は，言葉のほかに表情や仕草，情景，身体を基にした可能的諸情報が得られ，対話の相手としての信頼感が生じ，雰囲気の共有や表情のやりとり，沈黙などが理解を進捗させることにある。字面での対話は，たとえば読書においてもある意味で成立する。しかし，書物は書き手たる語り手の人格が，一書全体に表れ，読み手たる聞き手は，問いを投げかけつつ答えを求めて読み進む。ここには人格相互の対話が成り立ち得る。電子的疑似対話は，対話を支える背景を捨象した（言葉というより）文字面による相互反応となる。

第二次情報は，二重に知の素材情報であった。知的加工を要する素材と解釈のための素材と。前者において有象無象の中から選択され，後者において知の次元へと進む。この選択は関心の高さと焦点にかかるが，素材情報は無数に，また無尽蔵に湧き出る。主体的自己の「脱中心化」と「多数化」[12]がいわれるのは，人があくまでもこのような事態に適応しようとし，主体の環境化が過度に進行するからである。情報の価値が現在時点の関心の射程の短さに対応すれば，情報環境への適応は主体性の限度を越え，環境への自己の分散が進む。分散する自己は，機会の即応の器用さと敏捷さを誇るが，環境を組織する中心をもたず，過去への回顧に裏付けられた未来への展望を欠くのである。

身体性に支えられた対面的言語活動からの疎外が，このような主体が置かれた状況である。電話は声の抽象であったが，声はまだしも声調を通じての気配を感じさせる。Eメールやインターネットは言葉から声を排除するだけでなく，語り手の特定を窺わせる要因を極力捨象し，文字面での偽装すら許

容する。姿が見えないことが匿名性に結びつくのは見やすい。匿名とともに責任が隠れる。沈黙が対話の重要な要素であることは，ライティングスペース上の空白には表れ得ない。電子言語は結局，これらの特徴を具えたコミュニケーションの道具の一つにとどまることになる。

おわりに

　主体における下位階層の統合は，ヒトに対する人からの統合のほかに，人の次元においても，英知の次元から素材情報の次元に対して働かねばならない。関心の高さ，本当に大事なものは少ないという視点が，その選択を介しての統合を助ける。統合が英知からのそれであるかぎり，単に理性主義的ではあり得ず，生命の根源からの方向性をとらえつつなされる。環境の高度情報化にも拘らず，主体は一方的な環境化に身をゆだねることなく，心身の統合を基に主体性を守るのでなければならない。悟性機能の電子化が進行するなら，身体機能の代替ではない方向，感性の涵養，身体能力の開発という素朴な実践が一層大切になってくる。

　情報環境とともに時間感覚が変容しつつあることは，誰しも痛感するところであろうが，その根本には，即応を利便の特徴とみる情報処理の速さへの期待，言い換えれば，反応の遅いことに耐えられない待ち切れなさという不寛容の習性化がある。このことは，身体生理のリズムと明らかに齟齬する。ここから生じる心身の軋轢を解消するには，より大きなリズムにより小さなリズムを統合することである。ゆっくりとした歩幅は，息せき切った呼吸を鎮める。

　すでに見たとおり，電子情報営為は身体性を度外視するが，それは決して人間の進化などではなく，理性主義の機器的反映でしかない。ギリシア以来の理性重視は，20世紀の思想潮流において反省されたはずであり，われわれは全人的展開のために，テクノロジーによる利便性がもたらす欠如を何らかの仕方で補うほかはない。テクノロジーの進展は，人為であるかぎり人間

性にとってつねに部分的であり一面的である。人間の現実存在が身体的自然を基盤とするかぎり，その行為と意味は身体を介し，身体とともに在るほかはない。

　生命体にとり，他者ないし環境との関わりにおいて，まずもって受信が基本的であることが意味するのは，個体が所与をどう受け取り，それとの関係においてどのように振る舞うかが，生命活動の維持に緊要だということであろう。人間において知性が発達したことが，受信の先位を矮小化し，利己的な発信を先立てるにいたったとすれば，この情報営為の構図はあらためて感性と悟性の先後によって置き換えられなければならない。人間が自然や人工（技術）を己の延長とみなすかぎりは，環境の技術化は，補償の方策をもたぬまま高度化の一途を辿るであろう。人間が自然の子供であり，人工物の影響下にあるのみなら，生物的存在に留まる。これらの間の道，他者関係と生命関係の交錯する地点において自由度を保つ主体性確保の方向に，われわれの採るべき方途がある。

注

1) たとえば，西垣氏は「20世紀後半に出現したITは驚くべき技術革新であり，……したがって，ITによる便益追求にとどまらず，情報現象を根底からとらえる批判的知性が求められる」と言い，「20世紀に言語学的展開がおこなわれたとすれば，21世紀には『情報学的転回』が起きうるのである」という（西垣通『基礎情報学――生命から社会へ』NTT出版，2004年。ⅱ，39頁）。
2)「システムが働くための指令や信号。システムにおいて，多くの要素を結合して全体として目的を指向させる働きをしているもの」（『岩波　生物学辞典　第3版』1983, 1991）という定義は，サイバネテックスを契機に生物学にも情報理論が導入されて，「情報」が基本術語になったことを窺わせる。また，「システム」が生物システムに限定されず，他の領域にも共有され得ること，目的の設定次第で指令や信号も変わることがわかる。さらに，「指令」「信号」という用語は，システムとその働きが局所的に捉えられていること，能動受動の別も，主体の視点もないことを意味する。このことからも，生物が機械論的視点から見られていることがわかる。
3) 西垣氏はオートポイエーシス理論を踏まえ，情報を次のように定義する。「情報とは，『それによって生物がパターンをつくりだすパターン』である」（西垣，前掲書，

27頁)。これは，生物をオートポイエティック・システムと見，刺激に応じて生物が続ける内部変容を意味作用と解し，刺激や変容の本質を形とするところから出ている。私にとってオートポイエーシス理論はまだ納得できない部分があり，今は採らない。

4) 拙論「人間と遺伝子の視点」，高橋隆雄編『遺伝子の時代の倫理』九州大学出版会，1999年，所収。Jesper Hoffmeyer: Signs of Meaning in the Universe. Indiana U. P., 1996. pp. 36-37.

5) 木村敏『あいだ』弘文堂，1988年，3-7頁。Viktor von Weizsäcker: Der Gestaltkreis. Theorie der Einheit von Wahrnehmen und Bewegen. Georg Thieme Verlag, 1940. ヴァイツゼッカー（木村敏・濱中淑彦共訳）『ゲシュタルトクライス 知覚と運動の人間学』みすず書房，1975年，298頁。

6) 拙論「環境の成立と意義——疎外の視点からの考察——」，高橋隆雄編『生命と環境の共鳴』九州大学出版会，2004年，所収。

7) 西垣氏は情報のもつ側面を「生命情報」（生命体による認知や観測と結びつく情報），「社会情報」（ヒトによる観察／記述を通して出現する狭義の情報），「機械情報」（ITの操作対象となる，意味内容が捨象された情報）の3つとし，生命情報を原基的なものとする（西垣，前掲書，8-19頁）。われわれの視点から見れば，「生命情報」は第一次情報，「社会情報」は第二次情報の共有性の強調，「機械情報」は第二次情報の機械的変容に相当する。ただし，この変容は情報機器の環境化を招来する点で，重要な意味をもつ。

8) Hubert L. Dreyfus: On the Internet. Routledge, 2001. ドレイファス『インターネットについて——哲学的考察——』産業図書，2002年。彼は「テクノロジーの本質が，あらゆるものを接近しやすく，利用しやすいものに変えることにあるとすれば，インターネットはまさに究極のテクノロジー装置であろう」（2頁）としながら，インターネット・ユーザーの「脱身体化」（4頁）を深刻に受け止める。

9) たとえば，ボルターは「思考することと書くことの間の相違をなくすことは，人間の精神とテクノロジーの間の壊れやすい障壁を解消することであり，精神と融合するような究極のマシーンを造り上げることである」としながらも，われわれは「人間のように動作するコンピュータ」と「精神がコンピュータになった人間」との間の区別がつかないほど動揺していること，「人間とマシーンを融合させようと」懸命になっている人々がいることを指摘し，しかし彼自身はゴールは「マシーンを人間化する」ことではなく，両者の間に架橋することだという（Jay David Bolter: Writing Space. The Computer, Hypertext and the History of Writing. Lawrence Erlbaum Associates, 1991. ボルター（黒崎政男訳）『ライティング スペース——電子テキスト時代のエクリチュール——』産業図書，1994年，383頁。

10) 今西錦司のことば（尾関周二『環境と情報の人間学——共生・共同の社会に向けて』青木書店，2000年，98-101頁）。

11) 拙論「環境の成立と意義——疎外の視点からの考察——」(前掲)。尾関周二,前掲書,115-116頁。
12) ポスターは「社会的相互行為における言語的次元」を「情報様式」と呼び,「シンボル交換の形態」に応じて,①「対面し,声に媒介された交換」,②「印刷物によって媒介される書き言葉による交換」,③「電子メディアによる交換」の3段階を区別する。自己は①において対面関係の全体に埋め込まれ,発話地点をなし,②において理性的／想像的自律性における中心化された行使者であり,③において「脱中心化され,散乱し,多数化され,常に不安定なままである」(Mark Poster : The Mode of Information. Blackwell, 1990. ポスター(室井尚・吉岡洋訳)『情報様式論』岩波書店,2001年,12-13頁)。

第３章

デジタルとバイオ
――機械・生命・尊厳――

高橋隆雄

はじめに

　バイオテクノロジーと生命倫理について，これまで多くのことが論じられてきた。
　それらのテーマを列挙すると，組換え DNA 技術，遺伝子治療・診断，クローン人間，ヒト ES 細胞，遺伝子情報とプライバシー，遺伝子情報を知る権利・知らないでいる権利，遺伝子情報と特許等である。
　この中のいくつかについて言及すれば，遺伝子治療については，安全性の問題の他に，子孫に影響を及ぼすような生殖細胞への治療の是非，また治療の範囲を超えた能力増進のための遺伝子改変の是非等が論じられてきた。遺伝子診断については，出生前診断による選択的中絶と障害者否定という，草の根からの優生思想という問題，さらに，治療の見込みのない遺伝性疾患の診断に関する，知る権利・知らないでいる権利の問題，そして遺伝子診断の際のカウンセリングのあり方等が論じられてきた。
　クローン人間については，たとえ安全性の問題が乗り越えられても倫理的・法的諸問題が山積している。たとえば，有性生殖という人類開始以来の生殖法から逸脱し公序良俗に反する。特定の性質をもつ子供を作ることは人間を操作することに該当する。クローン人間として生まれた子供の苦悩が大きい。家族関係が混乱する。遺伝的多様性の減少が懸念される。こうした点が指摘されてきた[1]。
　ヒト ES 細胞に関しては，ヒトはいつの時点から人とみなされるのか，受精卵を破壊することは許されるのか，また，再生医学は身体を部品化するのではないか。こうしたことが論じられてきた。
　クローン人間に関する審議会やヒト ES 細胞に関する審議会等において「人間の尊厳」「人の尊厳」という概念がキーワードとして用いられ，法律や指針にそれが反映されてきた。しかし，審議会では倫理的な議論に深入りすることは避けられ，その概念の意味自体は曖昧なままで使用されており，根

本的な問題は先送りされたといえる。

　遺伝子情報と特許の問題は，知的財産権・所有権の問題であるが，これについても種々論じられてきている。遺伝子の構造と機能のいずれが特許にふさわしいか。そもそもヒトゲノムは人類共有の財産であり特許には不向きなのではないか。特許によって高価となった治療薬が入手できないのは人間の生きる権利の侵害ではないのか。しかし研究という労働から得られる産物には対価を払うべきであるとか，特許を認めることで研究が進展するというメリットもある等々。

　今回はこうした問題のいくつかを考察する視点として，従来とは多少異なるものを提示してみたい。議論の大枠を示すと，まずバイオテクノロジーとデジタルテクノロジーの基盤に関する根本的相違を論じてみる。そして，そこから新しい倫理的視点を導いてみたい。ここで示される倫理とは，従来のような人間と動物の相違にもとづいた理性や人格中心の生命倫理ではない。まずは生命と機械の相違にもとづき，それを踏まえて人間と他の生物との相違にもとづく倫理であり，その意味で他の種の生物と共通する生命の特性に関わる倫理である。そして，このような視点から「人間の尊厳」概念に新たな意味を与えてみたい。これまでの「人間の尊厳」概念では，治療ではなく人間の諸能力の増進・向上を求める欲求に抗することが困難であった。しかし，この新しい意味での「人間の尊厳」は，傷つきやすいものへの共感にもとづく応答（ケア）とともに運命愛を導くものであり，人間の飽くことのない欲望に対する一定の抑制となりうるものである。

Ⅰ．デジタルテクノロジーとバイオテクノロジー

(1) 両者の類似点

　デジタルテクノロジーとバイオテクノロジーはいくつかの重要な点で類似している。

　そのことについて考察する前に，まずバイオテクノロジーについて簡単に

述べると、それは組換え DNA 技術と細胞操作技術を根幹としている[2]。

組換え DNA 技術は、DNA を切る制限酵素と結合させる連結酵素の働きや、遺伝子を運ぶプラスミドやウィルス等（ベクターと呼ばれる）の働きを利用して、DNA を組み換える技術である。また、目的とする DNA を大幅に増幅させる方法として PCR 法がある。

細胞操作技術には、細胞を培養する技術、細胞のクローニング技術、2個以上の細胞を融合させて雑種細胞を作る細胞融合技術、核を除いた細胞に他の細胞から取りだした核を導入する核移植技術、胚からキメラ動物等を作る胚操作技術、そして、遺伝子を細胞内に導入することで遺伝形質を変えたトランスジェニック動物を作る遺伝子導入技術等がある。

これらの技術の応用はざっと見ても、組換え DNA 作物、クローン動物、トランスジェニック動物、また、遺伝子治療や臓器再生、オーダーメイド医療等の高度先進医療、バイオ医薬、さらにはバイオエレクトロニクス、エネルギーや環境分野への応用等、きわめて広範にわたっている。

次にデジタルテクノロジーについて述べてみよう。今日のわれわれの周囲には多種多様なデジタル機器が存在している。それらの勢力は、パソコンや携帯電話を中継地点にしてますます増幅しつつある。

それではそもそもデジタルテクノロジーとはいかなる技術であるのか。西垣通は情報技術（IT）の本質はデジタル技術にあるとし、それを以下のように述べている。

「アナログ技術は、パターン［情報］を相似形（アナログ）で写し取るものである。だがアナログ技術は、雑音に弱く劣化しやすいだけでなく、編集が難しい。デジタル技術とは、パターンをいったん数値に変換することで、ものごとの情報的側面を抽出し、半永久的な保存や編集を可能にする技術である。IT（Information Technology）の本質とは、これ以上でも以下でもない」（西垣通『IT 革命』岩波書店、2001 年、37 頁）。

これによれば，デジタルテクノロジーとはパターン（情報）を離散的な数値に変換することで半永久的な保存や編集を可能にする技術である。

ここでは情報は「パターン」とされている。あらゆるものは物質的側面（エネルギーを含む）と情報的側面とより成っており，情報は質量をもたず「形＝パターン」とされるのである。これは一見しただけではわかりにくい考えであるが，このように情報をパターンと規定するのは，吉田民人も主張するところであり，本章でもこの規定を受け入れることにする[3]。

ここには遡れば「形相」と「質料」よりなるアリストテレスの存在論をうかがわせるものがある。アリストテレスの場合は，形相はパターンであっても，事物の生成の原理であり，生成の目的でもあった。たとえば，彫刻家が青銅の像を作る場合，像の型・パターンに従って質料である青銅は形成される。ここではパターンは人間の意図の実現に用いられている。しかし，形相と質料の関係は，むしろ生物の生長のプロセスや，本来あるべき場所へ向かう物体の運動において典型的に見られるものである。生成や運動は，一定の形相を実現しうるもの，つまり可能態としてある質料が，形相を現実化してゆく過程として説明される。形相は目的としての役割を担っており，ここには目的論的な自然観がある[4]。

このような目的論的自然観によらずにパターンをとらえると次のようになるだろう。生命と環境とは相互に連関して存在するが，生命体が他の生命体や環境に働きかけたり働きかけられたりするさいのベースとなるのが，自他の生命体や環境のもつ種々の性質，つまりパターン，情報である。パターンを捉えそれに反応・対処することで生命活動は営まれるのであり，パターンとしての情報は生命体の活動のベースとなっている。そして，デジタルテクノロジーとは，こうした情報をアルファベットや自然数のような離散的な値に変換することでわれわれの意図を実現する技術である。これによって，世界を構成する要素のひとつであるパターンの一部が，離散的な数値に還元されるといえる。

このように規定されるデジタルテクノロジーと，バイオテクノロジーとの共通点の第1は，基本的要素のデジタル性である。すなわち，デジタルテクノロジーでは数値（0，1等）が基本となっており，遺伝子への操作を主体とするバイオテクノロジーでは塩基，すなわちアデニン（A），グアニン（G），チミン（T），シトシン（C）が基本的要素としてある。

塩基（A, G, T, C）は数（0, 1）とは異なり，要素（A, G, T, C）間に数学的な，あるいは内的・論理的な関係ではなく化学的関係が存在するが，数が同じ数によって置き換え可能であるように，塩基も同じ塩基によって置換できる。そして同じ塩基配列をもつDNAや遺伝子どうしも置換ができる。これは，生物の種が異なっても同様に成り立つことであり，種の間の相違を超越するものである。これによって遺伝子組換え技術が可能となっている。

素材の性質や生物の環境要因という複雑な要素を介してではあるが，数値や塩基といった基本的なデジタル的要素の組み合わせから，多種多様な人工物がつくられ，さまざまな生命活動・生命体のあり方を規定することができる。またそれらは，かなりの程度は数値や塩基に還元可能であろう。

こうした共通点は操作の類似性として現れる場合もある。

たとえば，ワープロでの操作でおなじみの「コピー」，「切り取り」，「貼り付け」といった「編集」に関わる操作と，バイオテクノロジーにおけるPCR法によるDNAの「コピー」，制限酵素による「切断・切り取り」，連結酵素による「貼り付け」という「組換え」に関する操作とでは，奇妙なことに同じ用語が用いられている。どちらが先に使われたかは不明であるが，ともかくこうした点にも二つの技術の類似性が現れているといえる。

さらに，両者は技術であるかぎり，設計や構想どおりの結果を目ざすものであり，誤作動や劣化を排除すること，そして効率性，高速性，即効性，廉価，環境への負荷の最小化等々を目標としている。これが第2番目の共通点である。

この共通点は，技術一般に当てはまるものである。いかなる技術もある特

定の計画の実現をめざすものである以上，できるだけ確実にその計画を実現するものであらねばならない。この要求は，最近では，機械を操作する人間の側の操作ミスをも念頭においた設計への要求にまで高まってきている。いわゆる，フール・プルーフとフェイル・セイフという設計思想である[5]。

(2) 両者の相違点

二つの技術は以上のような類似性をもつが，そこには大きな相違点がある。

まずは，上で挙げたワープロとバイオテクノロジーでの操作用語の類似性から，二つの技術の類似性を主張することができるかが問題となる。というのは，操作の名称は似ていても，一方は文字（列）や画像等として現れたもの，いわゆる表現型への操作であるのに対して，他方は遺伝子型への操作だからである。

ワープロでの操作は確かにいわゆる表現型への操作に見える。われわれはディスプレイ上に表示された文字列や画像を，切ったり貼り付けたりコピーしたりしている。つまりそれら表現型について編集しているのであって，0や1の数自身を編集しているわけではない。このことと，塩基A，G，T，Cの組み合わせであるDNAや遺伝子を操作することは異なるといえる。DNAや遺伝子は，それが表す種々の性質である表現型とは異なるからである。しかし，ワープロでのそうした編集の背後には数値への操作があり，間接的には数値の操作をしているとも言える。こう考えると，両者の相違は単なる見かけのものにすぎないといえるだろう。

デジタルテクノロジーとバイオテクノロジーの根本的相違点は以下の点にある。それは，両者の技術の基盤にかかわるものである。

デジタルテクノロジーは，半導体，電波，電子や種々の材料・物質の性質を利用し制御することを基盤として成立している。ここでは誤作動や劣化，コピーミス等は極力排除すべきものとしてあるし，原理的にはそれに限りなく近づくことが可能である。

それに対してバイオテクノロジー，たとえばDNA組換え技術では，上述のように種々の酵素（制限酵素，連結酵素）や遺伝子を運ぶウイルス（ベクター）の性質等を利用している。バイオセンサーやDNAチップ，またナノテクノロジーとして注目されるバイオチップ等も生体の機能を利用している。つまりバイオテクノロジーは，生体の機能の利用を基盤としている。それらの機能は個体である生命体の維持に寄与するものである。

　個体の活動にとっては，種々の機能が正常であることが望ましいが，生物の種にとってはそうではない。種は進化のプロセスを通じて存続するが，それは，生殖や細胞分裂における遺伝子のコピーミスや変異により生じた多様性によって，様々ないわゆる「環境圧」を耐えてきたからである。劣化についても同様である。個体にとっては劣化，とくに死は回避すべき最たるものであるが，種の多様性と存続にとっては不可欠の契機としてある。

　その意味で，それら誤作動や変異，劣化を伴うことは，個体としての生命にとってはありがたくない欠陥であっても，種のレベルを含めた生命にとっては，むしろ固有の特徴，つまり本性といえるだろう。

　デジタルテクノロジーと異なり，バイオテクノロジーはその基盤をバイオ機能にもつため，劣化や変異，コピーミス等が不可避となる。もちろんそれも技術であるかぎりは，われわれの計画・意図をミスなく実現することを理想としている。しかし，生体の機能に依存するかぎり，バイオテクノロジーにおいては常に安全性の問題が生ずる運命にあるといえる。生体の機能から劣化やミスをなくすとすれば，それにもとづく技術はもはや物質の性質のみに依存することになり，バイオ機能に依存するとはいえなくなる。つまり，バイオテクノロジーではなくなる。このように，二つの技術は根本的に異なる基盤の上に成立している。

　上述のようにバイオテクノロジーも技術であるかぎり，誤作動やミスが少ないことを理想としているが，その技術の成り立つ基盤そのものが誤作動やミス，劣化を本質的に含んでいるのである。すなわち，バイオテクノロジーが技術としてもつ理想と，その技術における操作が立脚する基盤との間に本

質的なギャップが存在している。この点において，それはデジタルテクノロジーと根本的に異なっている。

II. 生命の世界と機械の世界

(1) その本質的相違

以上，デジタルテクノロジーとバイオテクノロジーとの根本的相違点を述べたが，ここでは，それと関連して，生命の世界と機械の世界との相違について考えてみたい。

生物であることの特徴は代謝を行い自己保存し，複製を作ることにあると通常言われている。また，それら自己保存や複製を作ることは，人間においては基本的な権利の源泉と考えることができる。すなわちそこから，生命や身体への権利，治療を受ける権利や生殖の自由等を導きだすことができるだろう。しかしここでは，そのような権利や自由という脈絡において見逃されていた側面，すなわち，遺伝子のミスコピーや変異の出現のもつ意義に焦点を当ててみる。

生物は代謝を行うことで自己保存するが，その際に排出される代謝物は当の生物にとって毒性をもち，それが「環境圧」となるといわれている[6]。環境破壊物質を産出・放出したり，利用可能な資源を蕩尽したりすることで生ずる環境問題はその現代版といえるかもしれない。いずれにせよ，生物の移動や活動，あるいは物質的状況の変化によって周囲の環境が変わり，生物の存続にとって不適切な事態がしばしば生じてきた。そのときに，環境への働きかけによって，あるいは自ら移動することによって環境を変えるのでないかぎり，同じコピーのみではその生物が種として存続することは困難となる。生命の多様性が必要となるのである。通常の軌道から逸脱すること，変異やコピーミスによって形状や機能の多様な子孫を残し，その中でたまたま環境に適応したものが生き残ることで，種は進化の過程で変化しつつ存続していくことになる。その過程は多様な種を残す過程であるが，個体の機能が

劣化しついには死にゆくこと，つまり世代交代を必然的な要素として含んでいる。生命の世界の驚異的な多様性，そして人間がこのような形態と能力を備え文化を形成してきたのも，変異やミス，エラーの働きによるのであり，生命と変異やミスとは切り離すことができない[7]。

このように，生物の活動における誤作動やコピーミス，劣化が生命の多様性の要因となって，進化の過程を支えているのに対して，機械，人工物，とくに工業製品には，一般的には，同じ複製が要求される。つまり，理想としては，製品の製作過程や製品自体における劣化は克服されるべきもの，誤差や変異は最小化されるべきもの，偶然は排除されるべきものとしてある。それゆえ，本質的に劣化せず反復的編集が可能であるところの0や1といった数の操作によって種々の表現型を作ることは技術の理想であり，現在のデジタルテクノロジーはそれに一歩近づいたといえる。機械の世界においては，人間の意のままにならない偶然的要素はできるかぎり排除され，法則にもとづいた必然性が支配することが理想とされている。「知は力」であり，人間が自然の法則を知ることで，その必然的過程に則りながら人工物を作るのである。

たしかに，ある製品は長く生き残り，他はすぐに廃れることからわかるように，人工物の世界でも自然の世界でのようにある種の選択や淘汰が存在する。しかし，それはその時代の技術の水準と連動した人々の欲求や価値基準による選択・淘汰であり，一般には市場原理にもとづくものである。つまり，人工物も変化発展（進化！）するといえるが，それはわれわれの欲求に依存している。ただし，新しい製品が次の製品への欲求を生むように，われわれの欲求も機械や製品に依存する面をもっている。このように，人間の欲求と機械との間には，いずれが先か決めかねる，いわば循環の関係が成り立っている。

欲求やニーズに合わせて意図的に構想・設計され製造された製品が，市場において淘汰されることによって生ずる変化と，ノーマルな過程を逸脱した変異やミスコピーが環境圧の中で偶然性を伴って引きおこす進化とは，根本

的に異なるといえる。

このように，生命の世界では誤作動やコピーミス，また劣化や死，偶然性が積極的意義をもつのに対して，機械の世界は誤作動やミス，劣化を本質的に排除し，必然性が支配する世界であるといえる。

(2) 自然の世界の把握のしかた ── 欧米と日本 ──

欧米の場合

日本の生命倫理研究は，これまで主としてアメリカの生命倫理に関心を向けてきた。生命倫理はアメリカで誕生したし，長い間アメリカ流の生命倫理が主導権を握ってきたのは確かであるが，1990年代から人体の組織や臓器の利用やヒト胚研究の問題に対処するために，ドイツやフランスでは独自の生命倫理を構築しだした。日本の生命倫理研究者も最近，ドイツやフランスの生命倫理に注目し始めている。ただし多くの研究者は，アメリカ流とドイツやフランス流の生命倫理との違いに関心を向けずにきた。「自由」，「自律」，「権利」，「人間の尊厳」といった概念の意味について，またそれと関連して，「インフォームド・コンセント」の意義や生命倫理政策のあり方等においてアメリカとドイツ・フランスの違いは無視できないものである。これを論ずることは，生命倫理の重要な課題であるが，この節ではかなり大雑把に，アメリカもドイツ・フランス等も欧米としてひとくくりにして，欧米の自然観についてのこれまた大雑把な考察をしてみる。

さて，自然を把握する欧米的枠組みの原型ともいうべき古代ギリシアの思想には，アリストテレスのように自然界全体を生物学的に目的論的にとらえる立場もあれば，原子論的，唯物論的な立場もあるし，プラトンやピタゴラスのように世界やパターンをイデアや数でとらえる立場もある。ただし，周知のように，西欧の自然観は，中世から近代へ至る，いわゆる科学革命の過程を通じて，形相的なものや自然の内部にある隠れた力を排除し，必然的な法則に支配された機械論的な立場が中心になっていく。この自然界を支配する必然的法則は，科学的方法によって数量的に把握が可能なものであり，こ

第3章 デジタルとバイオ　67

れを知ることで自然を操作可能なものにすることがめざされることになる。こうした自然観によれば，自然自体はもはや目的をもたないとされる。人間は自らが設定した目的を，もはやそれ自身としての目的をもたない自然において，法則の知識を通じて実現するのである。

　近代の初期にさかんに主張された動物機械論は，自然物だけでなく生物も機械論的にとらえようとするものであった。そのとき，そのことを把握している主体のあり方が問題になるが，たとえばデカルトでは，それは自然また身体と本質的に異なる精神であるとされた。空間の中に存在せず思惟することを本質とする精神が，空間における延長を本質とする物質世界を数量的に把握するのである。

　I(1)でも述べたように，現在の科学の対象は，物質・エネルギー的側面と情報的側面とより成っており，情報は質量をもたず「形=パターン」とされている。これはウィーナー以来の説とされる[8]。このように情報概念が復活したのは，ある意味では形相的なものの復活であるが，だからといって，古代の自然哲学が想定していたような魂や目的を自然の中に認めるものではない。たとえば，魂の世界，生物の世界はパターンの世界として把握されるが，それらは制御システムとして数量的に考察されたり，パターンの基底をなす遺伝子の機能の解明や操作がめざされたりすることになる。

　ここで技術の目的について考えてみると，技術の目的は，自然を操作すること，すなわち，人間の欲求にかなうように自然や環境を改変することや，欲求を満たすような人工物を作ることである。そのために自然法則の知識は不可欠である。さらにいえば，情報・パターン・現象を数や劣化しない要素に還元する分析的な道と，それら要素の組み合わせによって情報・パターン・現象を構成するという総合的な道を，たんに理論的にではなく，実際に技術として可能にすることは，機械論的自然観における技術のめざす2つの理想といえる。たとえばピタゴラス的世界観では，世界の根本に数が存在していたが，技術の理想においては，世界とその根本の数や基本要素との間には技術による道が通じていて，人間は世界と基本的数との間を自由に往来す

ることができるのである。一部分とはいえ，こうした理想を現代のデジタルテクノロジーが可能にしつつある。

このような自然把握の枠組みにもとづけば，バイオの世界を基本的な要素に還元し，基本的要素からバイオの世界を組み立てることが技術の進むべき道と思われる。

日本の場合

以上を自然把握のごく大雑把な欧米的枠組みとすれば，日本的な枠組みは『古事記』や『日本書紀』における神のあり方にまで遡ることでとらえられると私は考えている。

これは意外と思われるかもしれないが，私は以前に，この数十年の著名な日本人による日本文化論でのキーワード「タテ社会」(中根千枝)，「甘え」(土居健郎)，「母性原理」(河合隼雄)がともに「ケア的なもの」を指し示しており，そうした日本の社会のケア性の淵源は日本の神に代表される日本的な霊のあり方にあることを指摘した[9]。それを踏まえて考察をしてみよう。

自然の世界の把握のしかたという脈絡では，日本の神々の示す特徴に着目するのは有効である。というのは，日本では自然は霊的力をもつ存在と考えられており，そうした霊力は神としてとらえられていたからである。そこからいえることは，日本人は生命的・生物的自然観をもっていたということである。さらにいえば，アニミズム的自然観である。このような自然観は，日本の仏教はもとより現代のわれわれの生き方にも影響を与えている。

神は霊的性格をもつため，その同一性が身体的物体的同一性に依存しない。すなわち神はコピー可能であり，実際に勧請によって多くの神社で同一の神が祀られている。同一性がこのように数的物体的同一性から独立であるというかぎりでは，神は数と類似しているが，劣化せず不変である数とは異なり，神は誕生したり傷ついたり死んだりもする。イザナミは死んで黄泉の国に行くし，大国主命は兄弟たちに殺されて再生してくる。また，神は仕事を終えると「隠れる」が，これは疲労の現われと解釈できるだろう。このこ

とは他の霊的存在にも当てはまる。神・死者・生者の共通点としての，劣化することや傷つきやすさは日本の霊の特徴をなしている。

　神々の多くは自然を神格化したものであり，自然は成長し劣化しゆく生命と類比的に捉えられているといえる。さらに，本居宣長も強調するように，神の道は人間には不可知であり，人知によって支配することはできない。それは，目的に沿った道筋や必然性ではなく，偶然性の支配する進化の過程と似てもいる。近代の日本で進化論が容易に受容されたのも，生命的自然観のためといえるかもしれない。丸山眞男は，このような日本固有の自然観が歴史観にも反映されているとし，それを論文「歴史意識の古層」において「次々に成りゆく勢い」と表現している[10]。

　以上のような欧米と日本でのバイオの世界の把握の枠組みの違いは，欧米では，バイオの世界をデジタル的に捉えることと親和性をもつのに対して，日本ではバイオの世界の独自性を直感しやすいという相違を生むのではないかと思われる。

　以下では，これまでの考察にもとづいて，バイオテクノロジー関連の個別的な倫理的問題を考えるのではなく，それら諸問題におけるキーワードの一つである「人間の尊厳」について述べてみたい。この概念は上述のように未規定な部分をもつが，クローン人間，ヒト胚の問題，またデザイナーチャイルドや遺伝子治療，遺伝子改変，再生医療等の問題を論じる際に重要な役割を演じうるものである。

III. 遺伝子の時代の「尊厳」概念

(1) 従来の尊厳概念

　「尊厳」概念の多義性についてはよく知られている。その多義性は各種の法律，宣言や審議会での用法だけでなく，新聞，雑誌，インターネット等での用法にも示されている。それを解きほぐす一つの方法は，その概念のうちに，人間という自覚が生じて以来の人間の「尊厳」と近代以降の「人間の尊

厳」とを区別することである。ただし，これは「尊厳」概念の歴史にもとづく区別というよりも，現代における用法の分類である。

人間という自覚が生じて以来の人間の「尊厳」

　この尊厳概念は，動物と人間との相違にもとづきつつ，本来の意味での人間であることや，命よりも尊く人間として護るべき価値や誇り，またそれを有する者のもつ徳，卓越性に関わっている[11]。それについては，社会により，人が属する宗教や階層，また個々人により様々な規定が可能である。この尊厳概念は，本来の人間であることを特徴づける理性・自己意識・道徳・宗教・価値観等にもとづくもので，「尊厳」という言葉によって表現されるか否かにかかわらず，洋の東西を問わず，人間が人間としての自覚をもつ社会において存在すると考えられる。

　たとえば，弟子が脱獄の手配をしたにもかかわらずソクラテスが従容として死にゆく際に，また宗教者の殉教，貴族としての責任をもった生き方，命に代えてでも護る武士の誇り等にそうした尊厳が現れている。それには，そのような生き方の自覚的選択がある。現代における「尊厳死」も，人間としての誇りを保つために，生命維持装置等の助けを借りて生きないことを選択することを意味しており，こうした尊厳概念の系統にある。

　看護の領域ではしばしば「尊厳」は，寝たきり老人が自分で食事をしたりトイレに行ったりするということに関わって用いられているが，ここにも人間が人間としての自覚を有するところどこにでも存在する尊厳の概念が現れている。また，新聞やちょっとしたエッセイ等での用法からもうかがえるように，日常普通に生活している人の場合でも，信念をもった生き方や首尾一貫した生き方をめざすことに，尊厳が示される場合がある。

　こうした尊厳概念においては人間一般ではなく種々の立場における個人としてのあり方が主眼となっている。何をもって尊厳とするのかは，慣習，組織，地位や身分そして身体の状態等によって大きく影響される。とはいえ，基本的には，何を人間として護るべきものとするかについての個人による決

定に依存する面をもちうるといえる。たとえば，信仰者としての尊厳は教団の教義に左右されるが，その教義を信じるか否かは，どれほど改宗が困難であろうとも，究極的には個人にゆだねられている。ここでは，社会，身分，集団そして個人に応じて，もっとも人間としての尊厳にふさわしいとされることが変わりうるのである。

　また，この種の尊厳概念は，人間が人間としての自覚を有するところにはどこにでも存在するのであり，ある社会にこのような尊厳概念があることと，その社会に奴隷制等の身分差別があることは両立しうる。ソクラテスは奴隷制の上に成り立つ古代のアテネにいたが，彼の信念は尊厳を表現していると見なせる。また，貴族や武士の誇り，矜恃としての尊厳は身分社会の存在を前提している。つまり，こうした尊厳概念は身分の平等を含意してはいないのである。

人間の尊厳
　ところが現代において，法律や宣言，ガイドライン等の制度や政策にかかわる文脈で「人間の尊厳」という表現が用いられる場合，それはすべての人間が人間であるかぎりもつところの普遍的で絶対的な価値を意味しており，その意味で，上で述べた尊厳とは異なる概念を一般に指している。人間は人間であるかぎりすべて平等に絶対的で不可侵の価値をもつとされる。たとえば他者にとっての単なる手段とされてはならないし，基本的人権における不平等を伴うような身分差別も原理的には認められないことになる。ここでも人間と動物との根本的相違が前提され，動物のような生き方ではなく，理性的人間にふさわしい生き方が要請されたり，そうした生き方を可能とする制度として基本的人権が保障されたりする。

　この意味での「人間の尊厳」は，キケロの学説やキリスト教の「神の像」としての人間にその源泉をもつとはいえ（金子晴勇『ヨーロッパの人間像』），すべての人間に平等に基本的権利を認めるに至った近代において確立された概念である。

このように，近代以降の「人間の尊厳」は人間が人間であるかぎり平等にもつ絶対的価値であるため，身分や集団，個々の人間のあり方ではなく，種（あるいは類）としての人間の能力なり特徴にもとづいている。それゆえ，「人間の尊厳」概念における「人間」は個人なのか，それとも人間性，人間の本質なのかという問題が生ずることになる。これは「人間の尊厳」概念を複雑なものとする一因である。

たとえばカントは「理性的存在者（人格）の尊厳」という表現を用いるが，それは，「道徳性と，道徳性を有し得るかぎりの人間性とだけが，尊厳を具えている」（『道徳形而上学原論』岩波文庫，117頁）という文脈で理解されなければならない。すなわち，個人が尊厳をもつのは，道徳性を有する，あるいは有しうる理性的存在者だからであり，たんにヒトという種に属する存在者だからなのではない。理性の立てた道徳法則に自律的に従う宇宙人がいるとすれば，カントの説によれば，彼らも尊厳をもつはずである。

問題になるのは，道徳法則を理解できないような状態にある人間についてである。彼らは尊厳をもつといえるだろうか。しかし，そのような法則を実際に理解可能かどうかにかかわらず，人間は誰でも，それがもつ能力が本来的に機能すれば，道徳法則や善悪の区別を理解できるだろうから，すべての人間は尊厳をもつということが，カントの立場からもいえるだろう。

ただし，このように人間性を中心とする立場からは，たとえばヒト胚が尊厳をもつというのは困難であろう。種としてのヒトに属するあらゆる存在者が尊厳をもつという立場ならば，ヒト胚も尊厳をもつということができるが，これは，種の相違を理由として人を他の種と道徳的に根本的に異なる存在者とみなす立場である。

ヒト胚や初期の胎児の問題は別として，個人が人間として平等にもつ基本的権利は，そのような万人がもつ尊厳を法的・制度的に保障する。その意味で「人間の尊厳」の擁護は，基本的人権の擁護を必要条件とするが，「自由」や「権利」がどれだけ社会秩序に関わるかという点に関しては，国ごとに了解が異なっている。たとえば，それはアメリカとドイツ・フランスとでは大

きく異なる。それに応じて「人間の尊厳」概念は，自由主義的・個人主義的に理解されたり，社会や共同体の秩序や連帯を重視する方向で理解されたりする。ここにも「尊厳」概念の混乱の原因が潜んでいる。

(2) 生命と機械の相違にもとづく「生命の尊厳」

多くの遺伝子が人間と動物で共通であることが判明した現代において，また機械と生命の根本的な区別が脅かされている現代においては，従来の尊厳概念に加えて，遺伝子の時代の尊厳とでもいうべき新たな尊厳概念が必要とされると思われる。そうでなくても錯綜している尊厳概念をいっそう複雑にしてしまうという懸念があるが，以下でそうした概念について考察してみる。

これは，従来の尊厳概念のように，理性や自己意識，あるいは道徳性といった，人間と動物の根本的な違いだけにもとづくのではない。それは生命と機械の根本的相違からの尊厳と，人間と他の種との根本的相違からの尊厳の二段階をもって考察することができる。生命と機械の相違に依拠するとき，人間と他の種との共通性が着目されている。それを踏まえて人間と他の種の相違を考慮するのである。共通性への着目だけでは道徳や倫理を導けないのは，人間非中心主義的環境倫理のパラドックスが示すところでもある[12]。

ここで注意すべきなのは，たとえばヒト胚へのわれわれの態度を論ずるさいに「生命の尊厳」が用いられることがあるが，ここで考察する「生命の尊厳」はそれとは異なる概念であるという点である。というのは，前者では「生命の」という表現を用いながらも人の生命に限定して尊厳が語られているからである。同様のことは「生命の神聖さ (Sanctity of Life, SOL)」ということにもあてはまる。神聖であるのは，受精卵や胚も含めた人の生命なのであり，ネズミやミミズの生命が神聖視されているわけではない。

つまり，この節で述べるのはあらゆる生命のもつ尊厳についてである。一般によく「生命あるものはすべて尊い」とか「生命を尊重すべきである」と

いわれるが，こうした主張が意味することを考察してみたい。私は，そのような尊厳概念の意味は，生命と何が対比されるかによって異なると考えている。

「人間の尊厳」が人間と他の種との相違によって規定されるように，「生命の尊厳」は生命とそうでないものとの相違にもとづくと考えるのは自然である。それでは，生命ではないものとは一体何であるのか。普通には，生命と無機物としての自然物が対比されている。生命はたんなる物質の世界から，はるかな年月を経てある特徴をもって出現したのである。この対比によれば，生命のもつ特徴とは，代謝・自己保存することと複製を作ることである。すると「生命の尊厳」とは，そうした生命のもつかけがえのない価値ということになる。また，尊厳の尊重とは，そのような生命のあり方を尊重するということになる。具体的には，生きることと子孫を残すことが物質と対比した場合の生命の本質であるから，生命あるものを殺さないこと，子孫を絶やすようなことをしないこと等が尊厳の尊重の内容になる。生命が尊厳を有するということで一般に理解されているのはこのようなことであろう。

しかし，このように理解された尊厳概念では，機械と生命との境界が脅かされている事態に対処するには不十分であるように思われる。

それは以下の理由による。まず，環境と生物との相互変動の過程として進化は捉えられ，人間が開発してきた技術も進化の産物であると考えられる。たとえば道具を作ること，文化を展開すること，技術をもつこと，また，病気を治療すること，研究すること，これらは自己保存し複製を作るという，生物としてのベースの延長上にあるといえる。すると，生命が生命であるところのそうしたベースを尊重することは，生命がより快適な環境を創造することを認めることを含意している。あるいは，少なくともそれに反対しないことを含意している。そして，人間を劣化しない機械の理想に近づけることが，人間にとっての快適さの追求の延長上にあるかぎり，そのような意味での生命の尊厳の尊重では，人間を機械ではなく生命の領域に踏みとどまらせるには不十分なのである。

それゆえ,生命との対比物として機械を考えざるをえないことになる。

これまで述べてきたように,生命にとって劣化や誤作動,エラー,変異は単に除去すべきことではなく,それ自体が積極的意義をもっている。つまり,老病死や障害,種々の仕方で傷つくこと,そして疲労は,機械の立場からは本質的に好ましくない劣化や欠陥であっても,生命というあり方からすれば積極的意義をもつということである。また,生命の世界には機械の世界と異なり,偶然的要素が大きく作用している。それゆえ,反復できないことや意のままにならないことも,生命にとって本質的なことといえる。

こうしたこと,すなわち機械と異なる生命独自のあり方に生命の尊厳を基礎づけることができる。あらゆる生命は尊重するに値するが,その理由のひとつは,それが機械と根本的に異なる上記の性質をもつからである。そのようなあり方から外れ,生命を機械と同列に考えるときに,生命の尊厳への侵害が生ずるということができる。

生命は偶然の波に翻弄されつつ,変異やコピーミスの反復によって,あるいは技術革新によって環境の変化や環境圧に抵抗してきた。従来の尊厳概念では,このような生命のあり方のうちの環境への働きかけや技術革新といった側面に注目してきたと思われる。それは,知能や理性の発達等といった,人間と動物の相違点へといたる側面である。これらは個体としてのわれわれにとって,いわばポジティブな側面である。それに対して,生命が変異やミスを通じて多様性を獲得し,個体の劣化や死によって種を存続させてきたのはネガティブな側面と呼ぶことができる。ポジティブな面は,人間個体の存続や快適さを追究するものであり,劣化を可能なかぎり排除することをめざす。その意味でそれは人間の理想を機械の理想と同化することに通じていると思われる[13]。

(3) 「生命の尊厳」にもとづく「人間の尊厳」

先に,生命にとって劣化や誤作動,変異は単に除去すべきことではなく,

それ自体が積極的意義をもっている，と述べたが，生命にとって積極的意義をもつということと，人間や社会にとって積極的意義をもつということとの間には大きなギャップが存している。たとえば，病気や障害等は，できるだけ除去すべきものとして治療の対象になってきたし，そうしたことが医療技術の進展を推進してきた。誤ることや劣化することは，個人や社会にとってできるならば回避すべきこと，つまり積極的どころか消極的意義をもつこととされてきた。それゆえ，前項でも「ネガティブな側面」と呼んだのである。

劣化やコピーミスが人間や社会にとって積極的意義をもつことを支持するために，人類の遺伝子の多様性が有する価値に言及することがある。たとえば，遺伝子改変によって劣化やコピーミスを減少させていくことで，人類の遺伝子プールが均一化・貧困化し，将来の環境変化に人類は耐えていくことができないという議論である。これは人類の存続に関わる議論であり軽視することはできないが，将来の環境変化に耐えるようなしかたでなされる遺伝子改変に対しては，有効な議論になりがたいと思われる。

劣化やコピーミスの積極的意義を主張する別の議論は，上述のように，生命の尊厳のネガティブな側面に訴える。ただし，それらが人間にとって積極的意義をもつことは，人間であるということから論理必然的に導かれることではない。逆に，上述のように，人間にとってそれらは，普通には消極的意義をもつとみなされてきた。

実は，ここにあるのは，人間にとって唯一の定まった途ではない。われわれ人間には，劣化をかぎりなく排除した機械であることを選ぶのか，それとも劣化を本質的要素として含意する生命であることを選ぶのか，という選択がつきつけられているのである。

人間を単純に機械とは異なる存在だと断言できれば，この選択は容易であろう。しかし，それはそう簡単に済ませるような事柄ではない。なぜならば，機械はわれわれ人間とともに歩んできたし，人間と機械とは一心同体的な歴史を有しているからである。たとえば，数千年前の人間と機械と，現在の人間と機械を比較してみれば，人間と機械とがいかに相互に解き放ちがた

い関係にあるかがわかるだろう。人間と機械は，いわば「共進化」してきたといってもよい。生命と機械とは根本的に異なっていても，人間は生命をもつ存在でありつつ，機械とともに歴史を歩んできたのである。いわば，人間とはそのような二面性を本質的に有する存在である。そして現在問われているのは，人類はこのまま共進化を続けて機械の理想と人間の理想とが見分けのつかない方向をめざすのか，それとも機械との共同歩調から距離をとり，生命であるということを自覚しつつ生きるのかということである。

　機械と生命という二つの方向の違いについてここで詳しく述べることはできない。ただ，機械との共進化を続ける方向とは，劣化を排除しまた予防する人間の欲望をかぎりなく追求する道である。そこでは，老化や死，また障害をもつことは一種の敗北とみなされる。たしかに，人間の尊厳概念が十分に機能すれば欲望に一定の歯止めを課することができると思われるだろうが，その概念自体が生命のポジティブな側面に依拠するかぎり，歯止めはなし崩し的に後退していくのではないだろうか。
　それとは反対に，生命であるということを自覚して生きる場合について考えてみよう。その場合，人間であるという絶対的な価値，人間の尊厳は，機械とは異なる存在としての生命の尊厳にもとづく。すなわち，他の生物種と違って人間は生命の尊厳を自覚し尊重する，という点に人間の尊厳は示されることになる。そしてこの尊重は，生命一般への尊重を基礎にしてはいるが，まずは人間に向かうものである。
　この意味での人間の尊厳が現れるのは，以下のような場合であると考えられる。
　まずそれは，生命体一般の特性である劣化・誤作動等の意義を自覚し，自分を含めて劣化しやすく傷つきやすい存在としての人間に対して，世話，配慮し気遣うこと（すなわちケアすること）である。
　ケアの対象としての劣化しやすく傷つきやすい他者とは，第一義的には人間であるが，過去や未来の生命を含めて生命あるもの一般を含むことができ

る。古代以来の，自然にも魂があるという観念は，原始的観念とみなされつつも，現代にもなお残存しており，また自然とわれわれの関係として意義のあるものと思われる。そうすると，ケアすべき他者には，他人だけでなく，ヒト胚，胎児，死者，自然，他の種，将来世代までも含めることができる[14]。私はそれら他者からの呼びかけに共感し応答することに，新しい意味での人間の尊厳があると考えている。すなわち，そうした他者からの求めに応じて世話や配慮すること，すなわちケアすることでそれらとの間によき関係を結ぶことが，人間の尊厳にとって重要な要素としてある。

近代以来の「人間の尊厳」が人間相互の平等な権利の尊重を主張するのに対し，新しい人間の尊厳は，上に記したような広義の他者への尊重，そしてケアを主張するものである。このように，もはや自己と他者を結ぶ共通の絆は理性ではなく，劣化しやすさや傷つきやすさ，死の不可避性という生物及び生命体一般の特徴にあるとすれば，扱う範囲は生命倫理を超えて環境倫理の領域にまで及ぶことになる。

機械と生命との相違を自覚することは，操作しがたいこと，意のままにならないことや反復しがたいことのもつ積極的意義を自覚することでもある。たとえば日本語の「いのち」という語の「ち」は，人間の意のままにできない霊的な力を示しており，生命やいのちはわれわれが自由にできない側面をもっていることを示している[15]。

また，老病死や障害に挑戦しそれを克服しようとするのは人間の本性であるが，それがかなわない場合は，敗北者として絶望するのではなく，みずからの運命を受容すべきである。個人の生き方としてのいわゆる「運命愛」がここにある。ニーチェを参照するまでもなく，運命愛とはひたすら運命を甘受するような受動的な生き方ではない。劣化しやすさ，傷つきやすさに依拠する生き方は，決して柔弱なものではない[16]。

(4) エンハンスメントについて[17]

クルツ・バイエルツは，人間の尊厳にかかわる古代以来の歴史に言及した

後で，近代哲学において人間の尊厳を構成する三要素を挙げている[18]。それらは，①自然の究明と自然支配に働く合理性，②自己完成能力としての自由，③道徳的自己意識としての自律，である。

　人間を遺伝子工学の対象とすることに対して，「人をたんなる手段として扱ってはならず，常に同時に目的として扱え」というカント由来の人間の尊厳の定式は，人間を単なる技術の対象，すなわち単なる手段にしてはならないという批判を下してきた。バイエルツは，その定式が個々の人間の尊厳についてのものであるかぎり，批判としては不十分であると述べる。つまり，人間の尊厳を構成する三要素は，人間の身体を含む自然の支配と限りない自己変革を支えているのであり，ホモサピエンスという種の改変でさえ，人間の尊厳にかなっていると主張することが可能なのである。

　バイエルツはここで，個人の尊厳ではなく人類の尊厳，あるいは人格それ自体の尊厳を強調する議論を示唆するが，それは人類の不可侵性のために個人の自由一般に干渉することを認めることであり，個人と人類という二種の人間の尊厳は鋭い緊張関係に入らざるをえないと主張する。個人の自由の尊重か，それとも人類の存続のために自由を制限すべきか，という地球環境問題の根底にあることと同様のことがここにもある。このように問題は，従来のアメリカ流の生命倫理の枠を超えて環境倫理の領域まで踏み込むことになるが，この辺りはいかにもドイツの生命倫理らしい議論といえる。

　しかし，個人であれ人類や人格それ自体の尊厳であれ，それが動物と人間の相違にのみもとづくかぎり，人間への遺伝子操作への批判としては不十分であろう。人間の尊厳概念はむしろそうしたことを促進する根拠にすることも可能である。たとえば，人間をたんなる手段にしない仕方で遺伝子工学の対象とすることができると思われる。また，人類は機械と共進化をしてきたのであり，現在の人類の能力や性質とはるか昔のそれとは大きく異なっているだろうことを考えると，人類の改変がその尊厳を侵害すると一概には言えないだろう。

　上で述べてきたように，人間の能力へのかぎりなき介入は人間と機械への

同化の道を歩むことである。それを拒否したければ，生命であることにとどまる決意が必要である。人間を遺伝子工学の対象にすることに対しては，このように答えることができる。

　ここでは美容整形の類まで否定するつもりはない。また，遺伝子操作による介入の中にも認められるものがあると考えられる。それは，たとえば，生命のポジティブな側面にとってきわめて重要なことである疾病と障害の克服，そしてそれらの予防のための遺伝子操作がそれにあたる。ここで，認められる介入とそうでないものとの基準の策定が必要である。これまでの議論では，他者を操作することになるという批判，人類という種の改変につながるという批判，そしてそれらを含むところの，機械との同化という批判が挙げられた。それらの批判の論点を整理することがここで有効であろう。

　すると，介入が「自分」への介入か，それとも子孫にも影響を与えるものであるか，また「治療」であるかどうかというのが，今のところは妥当な二つの基準と思われる。

　生命にとどまる道においては，認められる介入の基準は，それら二つの軸をめぐって立てることができる。すなわち，まず，自分を対象とする介入は子孫等への介入よりも認められやすい。また，疾病からの回復や現状維持をめざす治療は重視するが，たんなる能力の向上をめざすような介入は認めることが困難である。たとえば，生殖系列への遺伝子治療はそれ以外の遺伝子治療よりも認めがたい。また，他人の精子・卵子を用いて親の望むような子供を選択することは，自分以外の存在（子供）の能力の増進にかかわっており，否定される対象に含まれることになる。

　ただし，たとえば老化を遅らせることは治療かどうかが論議を呼んでいるように，治療とそうでないものとの境界はますます薄れ，増進的介入（エンハンスメント）と治療とが融合していくと思われる。このような状況において，「治療」とは何か，「病気」，「障害」，「老化」とは何であるかが根本から問われなければならないが，それは「生命」であるとはいかなることか，「人間」であるとはいかなることか，われわれはいかなる道を歩むべきなの

かを問うことでもある。「生命の尊厳にもとづく人間の尊厳」は，そのような問に対して有効な観点であると考える[19]。

＊この論文は以下の研究助成による成果の一部である。
平成16年度日本学術振興会科学研究費補助金基盤研究（C）「理論的・実証的探究に基づく応用倫理諸部門の統合可能性の研究」

注

1) たとえば，全国の研究者（文系・理系合わせて700名）に対して実施した私の調査によれば，安全性がクリアされ，しかもクローン人間への要望が高まったとしてもクローン人間を作ることに反対するというのは83％あった。これについては報告書『科学技術政策提言　生命科学技術推進にあたっての生命倫理と法』（代表：町野朔，2004年）74頁を参照。なお，ES細胞と人間の尊厳概念については次の中の諸論考を参照。高橋隆雄編『ヒトの生命と人間の尊厳』（九州大学出版会，2002年）。
2) 以下の叙述では次を参考にした。軽部征夫『バイオテクノロジー――その社会へのインパクト――』（放送大学教育振興会，2001年）。
3) 吉田民人『情報と自己組織性の理論』（東京大学出版会，1990年）第5章。ただし吉田はこれまでの多岐にわたる情報概念の整理を試みており，物質・エネルギーの時間的・空間的，定性的・定量的パターンとしての情報概念は「最広義の情報概念」にあたる。それによれば，広義の情報とは意味をもった記号の集まり，狭義の情報とは伝達・貯蔵・変換システムにおいて認知・評価・指令機能を果たす有意味のシンボル集合，最狭義の情報とは意思決定の前提となる有意味のシンボル集合とされる。
4) このあたりの叙述は次を参考にしている。出隆『アリストテレス哲学入門』（岩波書店，1972年）。
5) フール・プルーフとは，たとえばウォーター・プルーフが防水であるように，馬鹿な扱いから保護されていることを意味している（いわば「防バカ」）。ギアがドライブだと自動車のエンジンがかからない場合などがそうである。フェイル・セイフとは，ちょっとした失敗や故障が生じても安全なように設計することである。
6) 「環境圧」については次を参照。佐谷秀行「環境と生命の相互進化」（高橋隆雄編『生命と環境の共鳴』九州大学出版会，2004年，第1章）。
7) フーコーはG. カンギレムの科学史の研究を評価する文脈で，次のように述べている。「そしてこれらの問題の中心には誤りの問題がある。というのは，生命のもっとも根源的なレベルにおいて，コードと解読の働きは偶然にゆだねられている。それは病気や欠陥や畸形になる以前の，情報システムの変調や取り違えのようなものだ。極

端な言い方をすれば，生命とは誤ることができるようなものである。(中略) 誤りとは人間の思考と歴史をかたちづくるものの根元だと考えなければならない」(小林康夫編『ミシェル・フーコー思考集成Ⅶ』筑摩書房，2000 年，17 頁)。
8) 吉田前掲著，114 頁。ただしウィーナーでは，パターンは情報自体というよりもむしろ情報を運ぶものとされている。ウィーナー『人間機械論――サイバネティックスと社会――』12 頁 (原題は, *The Human Use of Human Beings—Cybernetics and Society* 1950) 池原止戈夫訳，みすず書房，1954 年)。
9) 詳しくは，次の拙論を参照。「日本思想に見るケアの概念――神の観念を中心として――」(中山將・髙橋隆雄編『ケア論の射程』九州大学出版会，2001 年)。
10) 丸山眞男「歴史意識の古層」(『歴史思想集』筑摩書房「日本の思想」第 6 巻，1972 年所収)。
11) 金子晴勇によればラテン語としての「「尊厳 (dignitas)」という語は，ラテン修辞学と政治学の用語であり，社会的ないし政治的な高い地位，ないしはその地位にふさわしい高い道徳的品性を指している」。そして，「人間の高貴な性格は類としての動物との種差である「理性」に由来する」(金子晴勇『ヨーロッパの人間像――「神の像」と「人間の尊厳」の思想史的研究――』(知泉書館，2002 年，32-33 頁))。こうした尊厳概念は，ある生き方なり徳なりを高貴なものと考えるところでは，それに対応する言葉がないにしても存在していたとみなすことができる。
12) たとえば環境倫理での人間非中心主義は文字通りに受け取るとパラドックスに陥る。その立場は，人間と他の種との根本的な類似性・同種性や相互依存性を前提にして，そこから他の種への道徳的配慮を導こうとする。人間と他の種とは根本的に違いがなく相互に依存関係にもあることから，動物を殺したり種を絶滅したりしてはいけないといった規範を導こうとするのである。しかし，その際にどうしても，人間にのみ可能な道徳性や多種への配慮を前提することになり，深刻なパラドックスが生ずる。このような事態を避けるためには，人間と他の種との相違を重視する必要がある。
13) カント的な道徳性は人間の通常の欲求一般を含むところの自然性を超越しており，ここでの叙述が当てはまらない。カントの人間の尊厳概念はその意味でも意義があるといえるが，彼のような仕方で自然性を超越するには，特殊な形而上学を前提する必要があるという難点がある。
14) このようなケア論については次で述べておいた。「生命と環境の倫理――ケアによる統合の可能性――」(前掲『生命と環境の共鳴』第 4 章)。
15) 地球物理学者である松井孝典の次の言葉もそれを示している。「いのちというのを，生命と考えても，あるいは，地球みたいな星のシステムだと考えても，共通していることは，従来の意味では理解不可能な，いろいろな挙動を示すのが，いのちということの特徴ではないか」(梅原猛・河合隼雄・松井孝典『いま，「いのち」を考える』岩波書店，1999 年，88 頁)。

16) 痴呆老人の問題に医師として長年携わってきた経験から発する次のような言葉は，劣化を受容する立場が日常性を突き抜ける境地を雄弁に語っている。「周囲が痴呆の過程を受け入れるための基本的態度は，衰え，崩壊という変化は私たちが宇宙に戻る前の当然で，自然な過程であると了解することである。そのためには実体的自己という錯覚を日頃から打ち消す修練が私たちには必要だろう。現在の「私」という意識は，私の身体と，私の知的能力をしばし「占用」しているが，「所有」しているのではない。大海に一度は屹立したかに見えた私という波は，次第に形が崩れつつあり，もうすぐ海に戻っていくのである。

海に還元された私は，次の波として現れるかも知れない。現れないかも知れない。しかし私は知っている。宇宙という海は，地球という波，太陽という波が消えても，私を構成し，他の存在と共有した要素を永劫に保持していることを。そして私という現象は，全宇宙の営みの現れであることを。さすれば，私は自分に，「痴呆」という瞬時の位相があっても，微笑むことが可能である」（大井玄『痴呆の哲学』弘文堂，2004年，264頁）。
17) エンハンスメントは，肉体的能力の増進，知的能力の増進，性質の矯正の三種類に区別できる。松田純『遺伝子技術の進展と人間の未来——ドイツ生命環境倫理学に学ぶ——』（知泉書館，2005年）を参照。松田は同書第5章において，人間の「身体の傷つきやすさ，壊れやすさ」という，人間社会を根底から支えるところの無条件の責任や義務の基盤を掘り崩し，連帯社会を危うくするという観点から，エンハンスメントに根本的な疑問を投げかけている。これは私の論点とも重なる指摘である。
18) クルツ・バイエルツ「人間尊厳の理念」（L. ジープ，山内廣隆・松井登美男編・監訳『ドイツ応用倫理学の現在』ナカニシヤ出版，2002年，第7章）。
19) ハーバーマスは，バイオテクノロジーの発展は身体への新たな介入の可能性を開いたが，それをいかに利用するかはわれわれが自分たちをどのような存在と考えるかという自己理解に依存するという。つまり，規範的な熟慮に従って自律的に利用するか，それとも主観的な好みにしたがって恣意的に利用するかはわれわれ人類の自己理解にかかっている。ハーバーマスによれば，生まれてくる子供の遺伝子への介入は子供の人格への支配であるし，自分自身であるということの大前提にある偶発性を否定するものである。しかし介入への誘惑は大きく，ここでも，われわれの進むべき道は一つに定まっていない（ハーバーマス『人間の将来とバイオエシックス』三島憲一訳，法政大学出版局，2004年。原著の出版は2001年）。生命の尊厳にもとづく人間の尊厳概念は，本章で述べたようなエンハンスメント批判の脈絡でのみ機能するわけではない。その概念の考察は，人間であるとはどういうことかを新たなしかたで問うことでもある。また，注7でのフーコーも主張するように，誤りを本質とする人間観は，「真理」やデカルト的コギトへの問いへと至るものでもあろう。

第 4 章

機械と人間の組みあわせについて

船木 亨

第4章 機械と人間の組みあわせについて

はじめに

　中世末期の西欧には，アヴェロエスにはじまる「二重真理説」という考えかたがあった。神の啓示する真理と，人間の理性が自然について認識する真理とは，矛盾して見えたとしてもそれぞれに真理であるという考えかたである。とはいえ，神の真理の方に優位性があるわけで，自然の真理は神の真理の人間的表現（人間的理解）といったものにすぎなかった。

　この二重真理説を粉砕したのは，デカルトであった。かれは，「神は（本性において善良なのだから）欺かない」と断言し，理性が明晰判明に見いだすものがそのまま唯一の真理であるとしてよいとした。それ以降，理性が真理を認識したあとに，それが神の真理とどのような関係にあるか，それと食い違うときにはどうすべきか，などと思い煩うまでもないということになったのである。

　そこから近代科学の大規模な発展がもたらされたわけであるが，ところが今日，その科学の延長上で，わたしには別種のあらたな「二重真理説」が出現してきているように思える。すなわち，「人間は機械である」という真理と「わたしは機械ではない」という真理とである。

　多くのひとが，精神は脳の電気化学的反応にすぎないとする大脳生理学や，人間はDNAという「物質」によって実現される表現型（生物身体＝物体）にすぎないとする分子遺伝学の知見のままに，「人間は機械である」との命題を信じている。もし人間が機械であるなら，わたしが人間である以上，「わたしは機械である」ということになる。しかし，わたしは機械であると断言するひとは，ほとんどいない。論理的には，わたしが機械であるということを肯定するのでなければ，人間が機械であることを否定するかのいずれかでなければならない。ところが，大多数のひとびとは，状況や文脈に応じてこのふたつの命題を使い分けるだけで，そこに何の問題も見いださない様子なのである。

本章では，この現代の二重真理説へと表現されている問題状況の解明をめざして，機械と人間のかかわりを考察してみたい。

I. わたしは機械であるか

中世の二重真理説を粉砕したデカルトは，「動物は機械である」と断言した哲学者でもあった。人間も動物の一種であるとすれば，わたしは機械であるということになるのだろうか。しかし，そのように問いただされたとしても，かれは動じることなく，「わたしは機械ではない」と述べたであろう。デカルトにとって，人間の身体も動物と同様に機械であるにせよ，「わたし」である精神は，機械を構成する物体とはまったく別の実体であり，機械ではありえなかった。

それにしても，生まれ，そして死にうるものとしての「わたし」は，思考の主体である「わたし」以前の生命的な存在者ではないのか。それは元来「魂 âme」という語で考察され，デカルトは「精神 esprit」，思考する実体として考察したものの，その後継者であるライプニッツにとっては，やはり物体と同根のものでなければならなかった。生物は物質のあいだで生まれ，物質的条件に規定されつつ生活するし，やがて死んで，そこにはまた物質しか残らない。ガッサンディやボイルが物体の究極的素材をアトム（分割できない粒子）に求めつつあったとき，ライプニッツはそれは同時に生命的原理を含んでいなければならないとして，「モナド」という実体の存在を主張したのであった。

物体と精神を分離しないままに考察しようとするこの思想が，その後どう引き継がれていったかは定かではない。だが，少しあと，フランスにニュートン物理学を紹介したモーペルチュイが，物体には欲望したり記憶したり思考したりする属性があったとしても差しつかえないと主張していたことには注目すべきであろう（P. M. L. de Maupertuis, *Systeme de la Nature*, 1984, J. Vrin, XIX）。ニュートンは，物体に延長ばかりでなく引力という属性がある

と主張したが,それが正しいとすれば,そこからさらに物体に生命的精神的属性があるということを認めてもいいのではないか,とかれは述べる(同書,XXV-XXVI)。生殖物質(精液)のなかに含まれる記憶を有する物質が,その組みあわせに応じて生物身体の諸部分を構成するとしたかれの発想は,DNAの塩基配列が表現形としての生物の形態や機能を規定するとしている今日の分子遺伝学を先取りしていた。

モーペルチュイは,当時の小デカルト派のひとびとが精神という思考する実体に固執することを批判しつつ,上記のような議論を展開したのであるが,さらに激しくデカルトを批判したのは,ラ・メトリであった。かれは,『人間機械論』(1748)において,デカルトの議論は「一種の手品,文体上の詭計」であると述べ,理性的であることと動物であることは矛盾しないし,「思考は有機組織を持った物質と決して相容れないのではなく,かかる物質の一属性,たとえば,電気,動力発生の能力,不可侵性,空間占取性,等々のごとき,物質の一属性と思われる」(岩波文庫,1932年,111頁)と断じている。

以上がデカルトのいう精神,物体から区別された思考する実体が,やはり物体に属するとみなされるようになった経緯である。それは,19世紀ころから,デカルト的精神が次第に個人的「意識」として捉えなおされるようになり,他方,「精神」という概念が,歴史的性格をもって集団的文化的な人間活動を実現するものとして理解されるようになっていくことに対応していたように思われる。

個人的経験における思考の基盤としての「意識」は,はじめは知覚のひとつ,こころのなかで生じていることについての知覚にすぎなかった。ひとは自分が何をしようとしているか,何をしたいかについて知っていなければ道徳的態度を決めることもできず,他人の道徳的責任を追及することもできない。意識はそうした道徳的反省と切り離されないものとして理解されていた。これがやがて,カントにとっては,対象が認識される際の統覚として主観の中心にあるものとされ,ジェームズにとっては,生の本質としてたえず

流れる体験の核として捉えられるようになっていった。意識という概念は，単に自分の経験の自覚ではなく，人間経験が存続する基本的要件とみなされるようになって，今日にいたっているのである。

とはいえ，意識は，経験の継続性を支える実体としてばかりでなく，同時にその指標としても理解され，いまなお応答可能性（responsibility 道徳的責任）と結びつけられて，しばしば個々の人間を社会的人格として遇する基準とされる。たとえば事故や病気に遭遇したひと，あるいは赤ん坊や老人に対して，そのひとの意識の「水準」なるものが検討される。そのひとがどの程度の見当識（自分の置かれている状況の認知の程度）をもっているかが質問され，その「応答」から障害の程度が測定されるのである。そこでは，社会のなかで自分が置かれている立場についての意識よりも，状況をわきまえる意識に重点がおかれ，それが純粋な生理学的事実ないし心理学的事実として，客観的に測定されうる対象とみなされている。

このように，意識は人間を人間とみなしてよい尺度として使用されながらも，またある種の動物たちにも認められ，動物たちの権利を問題にする根拠とされることすらある。意識それ自身は，混濁したものから明晰なものまで，さらにはかえって明晰な意識とはならないでいようとする意識（無意識）まであり，概念としては曖昧でありながら，社会的には，何かに対して物体とは異なった特別な処遇を要求するための，合理的に合意できる基準として扱われているのである。

ここにある倫理学的問題にいま立ち入る紙幅はないが，ともあれ今日では，デカルトのいっていた精神が意識に還元され，その概念が曖昧なままに，意識は生物進化の過程において実現されてきた機能のひとつ，あるとき偶然に発生したものであると考えられるようになっているといえよう。

分子生物学によると，生命とは，DNAという「物質」のもつ情報に従ってたんぱく質および有機体が生産されつつ，おなじDNA断片を再生産する機械的過程にすぎない。その過程で生みだされる表現形（生物身体）は，自然によって組み立てられた機械にほかならない。ドーキンスは，そうした機

械が自己についてのシミュレーションを行うようになったとき，意識が発生したに違いないと述べている（『利己的な遺伝子』紀伊國屋書店，1991年，98頁）。「意識の発生」とは，自然から自然に自然ではないものが発生するという意味で奇妙な表現であるが，生命そのものが分子の組成の可能性のなかから偶然に発生したものと考えられているからには，意識がその延長で，有機体の組織のなかから偶然に発生してきて何の不思議なことがあろうか，というわけであろう。デカルトのいう「精神」は，進化によって脳神経系が発達して，そういう機械のひとつの効果として生じたものだと考えられるにいたったのである。

II. 機械と真理

なりゆきとしては以上であるが，当初デカルトが精神を取りあげたのは，人間とは何かという人間本質への問いによってであるよりも，科学的真理はいかにして成り立つかという認識論的問いによってであった。現代の諸科学においても，科学が発見するさまざまな知見が真理であるという保証が必要であろうが，それはいまなお科学者たちの「精神」に負っていると考えざるをえない。もしその精神が，機械のひとつの「効果」にすぎないならば，科学者たちの発見する知見は，どのようにして真理であると確証されることになるのであろうか。

機械はもとより「生産」するものであり，すでに存在していたものを「発見」するようなものではない。真理は，発見される以前から存在していなければ探究もできないのだから，真理が機械として機能している精神によって「生産」されたものであると述べることは不条理である。たとえ真理が機械で生産されうると認めるにしても，機械の生産物のすべてが真理であるわけはない。ある機械の生産物が，どのような点で他の機械の生産物とは違って「真理」と呼ばれるべきものだといえるのか，その基準はどこにあるのか。その基準がありうるとするにしても，それがあらねばならないということ，

すなわち「真理と呼ばれるものを生産する機械が宇宙に生じる」ということの必然性そのものについても，その特別の機械が生産するのであろうか——もしそうした機械が存在するとしたら，その機械（人間？）の存在は，奇蹟（神のはからい）というほかはないであろう。

わたしはここで「まじめには考えにくい」という意味で「奇蹟」という語を使ったのだが，ところが，ホーキングが紹介しているように，自然科学者のあいだには，生命が意識をもち宇宙を認識するようになるまでに進化すること，そのような生命体を出現させることこそが，宇宙が何のために存在しているかということへの隠された答えであるとする考えがあるという（『宇宙における生命』NTT出版，1993年，20頁）。

そこにあるのは，「神は生物機械を造ったが，そのわけは，その機械が自己発展して，神の栄光を認識することのできる段階にまで到達させるためであった」といったSFサスペンス風のプロットである。もし「人間は機械である」とする科学が推進されるならば，「（機械の生産物として）おのずから真理が生じる」という原理が前提されていることになるし，その原理は「神の真理にたどりつく」という無自覚的な目的によって裏打ちされているにちがいない。それでは，単に，中世の二重真理説への回帰にすぎないではないか——。神の真理に対して，機械を製作する人間の真理。なるほど，そのような神学においては，「人間は機械である，それゆえわたしは機械である」としてさしつかえない。なぜなら，そのような機械こそが神の栄光を証明するのだし，神にとって大きな違いはないだろうからである。

中世の神学は，聖書の権威によって自然の合理的解釈を阻害し，それに適した諸機械の発明の技術（メカニカル・アート）を卑しいものとして退けさせた。ベーコンをはじめとして，デカルトなど新哲学者たちは，このメカニカル・アートを学問に導入し，それが推進する人類の幸福こそ神の意志であるとみなそうとした。かくて自然の合理的解釈や機械の発明の方がかえって神学を支えるようになったのだが，それが発展するにつれて，自然の（明るすぎる）光に眼を眩まされ，ひとびとはふたたび理性の真理から遠ざか

り，科学から，デカルトが確立した，精神にとっての確実性の真理が失われることになってしまったのではあるまいか。

　このことに気づいた哲学者たちは，20世紀になると，大なり小なりデカルト主義の末裔として，人間と機械がどのように異なるかについて論じるようになった。そして，生命や直観や自己意識といった概念の近くに，何らか人間の独占物，機械にはありえない属性が見いだされるはずだと主張した。人間は全面的には機械ではなく，したがって，わたしは機械ではない。精神の領域は科学者たちがいうほどには解明されておらず，そこに保留されるはずのものを担保にしてのみ，科学的真理も確証されるにちがいないというわけである。

　しかし，多くの場合，そうした主張を貫けるかどうかは，機械という概念をどう定義するか，とりわけ機械の未来に何までを含めて定義するかということに関わっている。「人間は機械ではない」と考えるひとは，科学の進歩が行き届いていない領域，いいかえると，現代において製作される機械の欠陥の延長上に人間の本質を見いだす。それに対し，「人間を機械である」と主張するひとびとは，機械をその欠陥を埋めるように製作すればいい，将来の技術がそれを可能にすると考えるであろう。かれらにとっては，機械は原理的には人間のなすことなら何でもできるようなものとみなされるのである。

　それにしても，前者には，人間が何であるかはいつでもどこでもおなじように答えられるはずとの普遍主義的前提がある。だが，この前提自体は普遍的なのか。後者には真に人間的な機械を製作するという，これからなすべき実践的課題がある。だが，そのような営為は人間にだけ可能なことではないのか，したがって機械には不可能なことがあるのではないか——こうした反論は残る。

　なるほど科学的真理に対する疑義は多々可能であろう。だが今日，それはすでにその現存が疑われている「知識人」の側の噂話程度のものとして受け取られるにすぎない。遠い未来においては科学に不可能はないとするか，不

確定性原理のように科学にとって原理的に不可能なことがあると証明するか。しかし，不確定性原理は科学的探究の成果である。

　哲学者たちと科学者たちの論争は水かけ論に陥るように思われる。未来は完全には予測できないという意味において，また人間に何ができるか分からないという意味において，「未来の機械」といういまだ存在しない要因を含めるがゆえに生じるこの水かけ論をまえにして，われわれは，はたして多くの科学者が深く考えずに述べる「人間は機械である」という中世的二重真理説への先祖がえりと，多くの哲学者がやみくもに述べる「わたしは機械ではない」という理性主義的真理観への固執のどちらの旗印のもとに立つべきなのだろうか。

III. 人間は機械であるか

　「人間は機械ではない」とする説は多々あるが，大きく類別すると，その第1は，人間は生物であり，生物は機械ではないのだから，人間は機械ではないという説である。ベルクソンがその代表者である。第2は，人間には意識があり，機械には意識はないのだから，人間は機械ではないという説である。表現のしかたを変えれば，これはたとえばサルトルの立場である。

　前者の主張をおし通せるかどうかは，生物を機械として説明する諸科学の説得力にどう対抗するかということにかかっている。後者の主張については，ひとつでも意識のある機械が存在することが認められれば論点が崩れてしまうという脆弱性が見いだされる。とりわけ，ある種の動物は意識をもち，かつ機械であるとされるならば，人間は機械ではないとはいえなくなる。

　これらの説を巡る論争においては，生命とは何か，意識とは何かについて，概念が明晰ではないので，明確なかたちで，どちらかの論証が他方を打ち倒すなどというようにはならない。相互にすれ違った概念を使うので，相手の主張がなぞなぞのように感じられる。

たとえば，ベルクソン哲学を理解したときには，生物は機械の論理を超えていること，対象を機械として認識すること自体が生物の意識によって可能になっていることがあきらかになる。とはいえ，生命や意識の概念が，時間や差異といった他のもろもろの諸概念と噛みあわされていて，すべての諸概念を経巡るならば筋の通っているこのベルクソン的世界に対し，これをかいま見たこともないひとびとに，どこから説明したらいいのか，途方に暮れるほどである。

　同様に，サルトル哲学を理解したときには，因果性によって規定される存在としての機械に対し，意識はみずからの存在を否定することそのことであるのだから，水と油のようにあいいれないということがあきらかになる。これも，すべてをサルトルの用語によって説明すれば筋は通っているものの，こうした発想を根源的なものとして受け容れないならば，ただのナンセンスと思われるかもしれない。

　さらにいえば，生物は機械ではないと主張するひとに対して，たとえばノーバート・ウィーナーの反論がある。すなわち，機械化された工場で機械が生産されているという事例が実際にあるし，そのような仕組みが組み込まれ，みずからと同一の機械を生産する工場が出現してもさしつかえないであろう。かれは，このように機械の生殖（自己再生産）の可能性について論じ，機械はある種の生物でもありうると述べた（『科学と神』みすず書房，1965年，51頁）。

　逆に，サミュエル・バトラーは，生物の生産物は機械の生産物と大きな違いがないと論じている（『エレホン』岩波文庫，1935年）。メンドリが卵を産み，それがメンドリになるとみなす場合には生殖と呼ばれようが，かれは，メンドリとは，卵の殻が新たな卵の殻を製造するシステムなのではないかと問いただす。人間が生物という観点を取ることによって生殖 produce という特殊な生産 produce を見いだすのだが，こうした区別を撤廃すれば，生物も機械の一種にほかならない。

　この両者の指摘は，それぞれにある種の逆説にすぎないのではあるが，諸

対象を生物と機械に分類することのむずかしさをうまく表現している。たとえばウィルスといった微視的観点や生態系という巨視的観点をとれば，機械と生物の境界が曖昧なことは，だれにも納得しやすいことである。ウィルスは物質と同様に結晶化するし，生態系には物質が不可欠なものとして含まれる。すべては生物であるといい，他方ですべては機械であるといって，それらは大差ないことなのかもしれない。

　他方，機械には意識が生じないと主張するひとに対しては，つぎのような反論が考えられよう。意識と呼ばれているものは，われわれが他者や動物にも見いだすところのものでもあるならば，それとおなじ徴候を機械で実現することは容易である。チューリング・テストに合格したイライザというプログラムもあれば，実際，愛玩用ロボットにおいては一部のひとびとにリアルに体験されていることでもある。

　そもそも，意識とは何かという問題を機械に関して論じようとするのは，そのまだ解けていない問題への解答を機械について要求するという理不尽なことをしているだけではあるまいか。ひとが他者や動物に見いだすような意識現象は機械ですでに実現されており，それがわたしがわたし自身についてももつところの意識と「おなじ」であるかといえば，それを否定するために独我論者がとりあげたくなる情況証拠はいくらでも存在する。しかし，それらの証拠は他者の意識の存在をもあやうくするものなのであるから，機械に生じるかもしれない「意識」を否定することにはならない。

　すでに述べたように，認識や経験の要件となるような「意識」は形而上学的仮定にすぎず，現実に受け容れられている「意識」は，道徳の実践的な対象である。状況を「適切に」認知し，「よい」とされる方向でふるまうことを指して，「それには意識がある」とひとはいう。とすれば，機械がすぐれて道徳的にふるまう存在者であることは間違いないのだから，そこに意識が認められても不思議ではない。機械が調子狂いをおこした場合は，悪意があったとされるわけではないが，われわれは悪意が認められなくても凶暴な動物や死刑囚を殺し，そのようにして機械を（欠陥品として）廃棄するであ

ろう。意識は、あるとかないとか述べるべき対象ではなく、道徳的に働きかけるべきかどうかについて主題にする対象にすぎないのである。

IV. 機械と生物

これまでわたしが述べてきたことは、生物や意識といった概念が、「わたしは機械である」ということを否定するためには役立たないということではなかった。むしろ、機械という概念がすでに生物や意識という概念と深く結びあっているために、生物や意識ということばを使って、一方的に「わたしは機械である」「機械でない」と論じる根拠にはできないということであった。

いいかえると、わたしが機械であるかどうかは、ベルクソンやサルトルのように、諸概念を十分に整除した哲学の体系においてのみ論じうることであって、ひとつの命題として、紋切り型にどちらかに軍配をあげることができるようなものではないということである。わたしとしては、ここで、ベルクソンやサルトルとは異なったあらたな体系について展開したいわけではなく、むしろ機械という概念がいかに曖昧で、容易に生物や意識という概念にむすびついてしまうかということを指摘しておくにとどめたい。

また、このことからすると冒頭で述べたような、人間と機械の二重真理に関して生じる論理的不整合は、それ自身実質的なものではなく、基本的に「機械とは何か」の定義に関わって生じる見かけ上のものであることも、すでにあきらかである。

そもそも時計のような近代初頭の機械、蒸気機関のような産業革命期の機械、現代の情報諸機械は、それぞれ大きく内容を異にする。機械は製作されるものであり、時代とともに発展していくものであるから、時代を超えて機械を定義することはむずかしい。「未来の技術がすべてを解決する」という議論にも一部の理があるわけで、歴史上あとに出てくる新しい機械によって、機械そのものの定義がやりなおされてきた。新しいタイプの機械によっ

て機械のイメージが変わり，それを使用したために，人間のふるまいが変わってしまう。「人間は機械である」ということの意味も，時代の機械がどのようなものかということによってあらたになる。現代のように，あたらしい情報諸機械が急速に普及しつつある状況においては，なおさらであろう。

ひとびとは，適当な時代の機械を代表にしつつ，機械に対する自分のふるまいを標準にしながら，機械が何であるかを決めようとする。また，その考えに応じて自分のふるまいを分析し，さらに機械を捉えなおす。その結果として「人間は機械である」といい，あるいは「機械ではない」と断言する。機械と人間の関係を認識しようとする際に，ひとはそうした循環的で実践的な状況から逃れられない。それにもかかわらず，機械に対して普遍的な立場に立ちうると考えるひとがいて，機械と人間の差異を指摘することによって人間の本来性を描きだし，他のひとびとにそれに適ったふるまいを要求することができると信じている。それは，時代の（えてして時代遅れの）機械に対する自分の感性を他のひとびとに押しつけようとしているだけの権力的ふるまいにすぎないのではあるまいか。

われわれが生きているのは，「人間には精神なるものがあって，そこが機械とは本質的に異なる」とは断言しにくい状況なのである。街かどに出現する新奇な機械装置によってつぎつぎと実証されていくという意味での「実践的真理」とでもいうべきものがあって，それは哲学者と科学者の思弁的論争においては，主題にすらなっていない。現代の二重真理説が受け容れられているのは，インターネットやケータイを使いこなす「群集」によってなのである。

かれらが現代の二重真理説を受け容れているのは，科学的真理についての言説を信じているからではなく，科学とあいまって製作される諸機械が実現する真理——そこには科学的言説の装置から生産される多様な表象も含まれる——によって生きているからである。そのようなひとびとにおいてすら「わたしは機械？」という問いが発せられるとしたら，それは思弁的世界のパズルのようなものではなく，見失われる人間関係や貧困化する生活文化

に関する深刻な問いであろう。「他のひとはともかくわたしだけが機械なのではないか」、あるいはおなじことになるが、「他のひとはみな機械で、わたしだけが人間なのではないか」——「未来」を含ませざるをえない「人間と機械の比較」のようなものでは、そうした精神病理的な問いに対する答えを与えることはできないのである。

　いたずらに人間と機械を比較してきた近代西欧的伝統に対して、すでにカンギレムが、それ自身にある思弁的混乱を指摘していた。かれによると、生物と機械を比較するときには、生物の一切関わらないような機械のシステムを想定しているが、たとえば粉引き装置をロバが回していたように、当初から生物は機械に組み込まれていた。たとえ生物が組み込まれていないにしても、機械には、少なくとも人間が関わっており、ないし組み込まれており、大なり小なり人間的目的が含まれている。ところがひとびとは、機械を生物と比較するときに、たとえば投石器や時計のように、バネやぜんまいといった人間ないし生物による原動力を一時的に保存する装置を含む機械を念頭におき、それと対応するようなものとして生物を考える。バネやぜんまいが蒸気機関等の原動機に置きかえられたとしても、人間的目的に従い、人間身体や生物に似せて機械を製作しておいて、それを人間身体や生物と比較するという混乱のなかにあるのにかわりはない、というのである（『生命の認識』法政大学出版局、2002年、120頁）。

　かれによると、むしろ問題は、人間と機械の比較ではなく、なぜ人間は機械を製作するのかということである。

　「技術をもはやただ人間の知的な操作としてではなく、普遍的な生物学的な現象として考察することによって、一方ではわれわれは、どんな認識（中略）にたいしても、技術工芸の創造的な自律性を主張するように導かれ、またしたがって他方では、機械的なものを有機的なもののなかに組み入れるように導かれる。そのとき、その構造の観点からもその機能の観点からも、どの程度有機体が機械とみなされるうるかとか、みなされなければいけないかとか自問することは、当然もはや問題にならない」（同書、145頁）。

カンギレムがいいたいことは、人間は機械を製作し、その機械に取巻かれ、それを使用して生きることを本質とするということである。人間は、まさしく「ホモ・ファーベル（道具を使うひと）」（ベルクソン）である。機械は別の人間（人間もどき）を実現するために製作されるのではなく、人間よりも強力で迅速で正確だからこそ製作される。人間は、自己の身体の諸器官を使えば使うほど、その器官 organ に似た道具 organ を製作して、その能力を増大させようとする（ショーペンハウワー）。それゆえ、生物であることと機械であることは、もとよりおなじひとつの出発点から生じているふたつの認識にすぎないのであって、当初からめざされていたものは、「人間（生物）と機械の組みあわせ」だったのである。

V. 人間工学

それでは、ここからは、人間か機械かではなく、「人間と機械の組みあわせ」について論じていくことにしよう。

だがそれは、まったく新しいことでもなければ、独創的なことでもない。これを扱う学問として知られてきたのは、人間工学ないしエルゴノミックスである。人間工学は、F. W. テイラー（1856-1915）、およびその研究を発展させた F. B. ギルブレス（1868-1924）にはじまる。テイラーは、自動車の大量生産を可能にしたフォード社の流れ作業で有名な「テイラー・システム」の創始者である。かれは、職人芸の世界であった生産現場に「科学的」マネージメントをもちこむと称した。すなわち、業務としての作業（タスク）から、従来は親方が担っていた作業の管理（マネージメント）を分離し、作業を要素に分解したうえで労働者に目標を設定し、その達成度に応じて賃金を支払うという労務管理手法を開発したのである。

人間工学は、作業を分析して諸要素に分解し、各要素における身体の動作とその動作にかかる時間を測定し、機械や工具の作動に対応した人間身体の動作の合理性と効率性を追求する。人間の動作は、機械の動きにうまく対応

していなければならないし、そのテンポにあわせられなければならない。これはまさに、ルネ・クレール監督の映画『自由を我等に』(1931)、さらにチャップリン監督の映画『モダン・タイムス』(1936) において批判的に描きだされた労働のありかたであった。それらの映画は、マルクスによる機械制工業の分析とあいまって、のちに紋切り型に表現されるようになった「人間が機械に歯車として組み込まれていく」ことの非人間性を訴えたのであった。

しかし、映画において誇張されたように、人間工学の現実は人間を一方的に機械に合体させるシステムへと進んでいったわけではなかった。労働者たちは黙って経営者の指示通りに働く「ロボット」——チャペックはチェコ語の「強制労働」からこの語を造語した——になったりはせず、ストライキなど、団結して対抗措置を取って「人間的な処遇」を求めた。労働者はまたサボタージュ（怠業）をなしうるわけで、集団的意図的にそれが行われれば、作業の目標水準の設定は困難になる。経営者は、動作研究、時間研究だけでなく、労働者の動機づけについて十分配慮しなければ真に生産効率を高めることはできないことを知るにいたった。

他方、むしろ現代の機械化された戦争においてこそ、機械の作動と人間の動作の合体は不可欠であった。たとえば戦闘機という機械のなかでみずからの死が目前に迫るときには、機械を制御しやすく改良するための人間工学的研究は、国家や軍にとってばかりでなく、兵士にとっても有意義なことであった。そこから、人間工学は、機械に携わる人間労働を効率化するという側面と同時に、機械の人間に対する入出力（ヒューマン・インターフェイス）を「人間的なもの」にするという側面ももつようになったわけである。

このようなわけで、人間工学には、「人間の機械化」と「機械の人間化」というふたつの側面が見いだされる。単に人間を機械化するだけでなく、機械も人間化しなければならない。これらの両側面を対等に扱うためには、人間と機械とをひとつのシステムのなかで捉えるほかはない。N. ウィーナーは、「今日われわれが必要としているのは、人間と機械を要素として含む系

の独立な研究である」(前掲書，79頁) と論じている。そこまでいくと，人間工学は，機械を使いやすいものとして設計するとか，人間を機械の操作に習熟させるといった単純なことではなくなる。まず人間が存在し，機械を対象として取り扱うということではないし，人間は所詮機械の部品となるということでもない。人間と機械の入出力（マンマシン・インターフェイス）を統合し，2種類の特性をもったマンマシンの組みあわせとして人間と機械とをともに考えていかなければならないということなのである。

とはいえ，人間の特性と機械の特性，それに応じた人間の持分と機械の持分の差異は自明なものではない。それゆえ，ウィーナーは，「われわれが直面せねばならない将来の大問題の一つは，人間と機械の間の問題，この両者に対してそれぞれどんな機能をあてがうべきかという問題である」と述べる（同書，77頁）。そしてかれは，「人間のものは人間に，機械のものは機械に」（同書，79頁）と述べて，完全に人間にとってかわるような機械を構想することは無意味であると主張するのである。

かれがあげた例は，エキスパートシステムや言語自動翻訳装置といったものであったが，これらはたまたまわが国の第5世代コンピュータのプロジェクトとしてめざされ失敗したものであるから，ウィーナーの警告は正しかったといえるかもしれない。だが，その理由として，かれは，「魔法使いの弟子」という物語——自動的に働く箒を止めることができなくなって困る物語——を引用し，機械に期待しすぎると人間的目的がかえって破綻すると述べるだけで，それ以上の説明を与えようとはしなかった。

推測するに，人間の方が機械を超えている部分があるから，人間の作業を完全に機械に置きかえようとしてはならないのか。少なくとも，人間の失業を増やさない方が社会にとってよいということではあるまい。というのも，機械を使うよりも人間を使った方がコストが安いところでは人間が使用されることになるだろうからである。むしろ，機械の方が人間を超えている部分があって人間の機械化には限界があるから，政治的配慮から，人間のための作業を取りのけておくべきなのか。

人間工学のおもわくははかりがたいし，人間と機械の本質的差異に関する思弁的議論は行わないはずであるが，しかしながら，一点だけ問題にせざるをえない人間と機械の特性の差異がある。実は，もっぱらこの差異によってこそ，マンマシン・インターフェイスが主題にされることになるのであるが，それは人間の側における「疲労」の問題である。原則的に疲労しないものと必然的に疲労するものの組みあわせこそ，人間工学が論じるべきもっとも重大な主題なのであった。

VI. 疲労の現象学

機械は，どんなに複雑にプログラムされていたとしても単純な作動の組みあわせであり，単純な作動は本質的に反復である。おなじ条件下ではおなじように作動するという反復が機械の特性である。機械にも部品の摩滅等の「疲労」がないわけではないが，それは人間的疲労の比喩にすぎない。

十分によく設計された機械においては，疲労という比喩は，経年変化によって消耗し，反復が困難になる（故障する）ことを意味している。ダグラス・トランブル監督の映画『サイレント・ランニング』（1972年）では，緑のなくなった地球に対し，ロボットが宇宙空間に浮かぶ人工菜園の世話を永遠にし続けるという結末で終わるが，それがロボットであるかぎり摩滅によっていつかは機能が停止し，「永遠に」というわけにもいかないことが示唆されていた。

人間も年老いて死ぬ（消耗する）わけであるが，しかしこれは疲労とは別のことである。人間の疲労は，各作業ごとに生じ，休息を通じて回復される。機械の作動は一定範囲で反復が可能なように設計されるが，人間動作のその都度のありかたは，単にそのひとの能力（性能）ばかりではなく，不可避的に疲労の関数として現われる。もとより機械は人間が使うものとして製作されるのだから，人間の動作に組みあわされるものであって，そのとき，人間工学はそれがもっとも効率的になるように疲労を考慮にいれるところに

成立する。

　それでは、疲労の本質とは何であろうか。疲労は、作業の効率を分析するにあたって、労働者の熟練度の低さや怠ける性格と区別されなければならないが、人間工学者たちは、疲労をうまく定義できないでいるように見える。人間工学の得意なところで、人間動作を細かく分類していったとしても、いよいよ疲労そのものを捉えることはできないばかりか、かえってそれを見失ってしまう。そこで、作業速度の低下や失敗の頻度の増大として数値で表現するわけであるが、それはまさに疲労を原因として定義した結果のことであるから、指標とはなるが、疲労の本質とすることはできない。

　他方、「からだがだるい」とか「いらいらする」といった労働者自身の心身についての報告によって疲労を定義しようとしても無駄であろう。各人が自分の心身についての経験のしかたや他者に自己を説明する度合の客観的基準は与えようがないし、かれら自身がその本質を知っているとはいえないからである。とはいえ、明確な定義なしに、確率と相関性（およびカン）を使って、人間工学者たち、というよりも経営者たちはある程度の成果を収めているように思われる。

　むしろ、つぎのような事情を考えてみるべきである。われわれは不本意な作業を強いられるときにはただちに疲れるものであるが、強い動機をもった作業では、身体が故障したり作動停止するまで疲労を感じないことがある。そばにいるひとが、そのまま作業を続ければ病気になるかもしれないと忠告してやらなければならないほどである。

　通常は、ひとは、作業に飽きたときに疲労を感じる。それはえてして突然に生じるので、作業に飽きたのかそれとも疲れたのか、区別することは困難である。むしろ、疲労を感じることは、作業を終えてよい理由になる。つまりわれわれは自分の身体機能の状態に関する完全な情報をもっているわけではなく、さまざまな徴候から疲労の程度を推測するにとどまるにしても、「疲れたから作業を終えよう」と判断する。しかし、疲労の徴候をチェックしている段階では、すでに「疲れているのではないか」と意識していて、作

業を終えてよいかどうかの理由の程度を問題にしているのである。それゆえ、疲労の測定基準よりも、われわれに「疲れた（のではないか）」という意識を与えるものが何であるかということの方が重要であろう。

　人間工学が疲労をうまく定義できないでいるのは、疲労が「主観的」なものだからではない。そうではなくて、疲労は時間によって生じると前提しているからである。いいかえると、時間とともに疲労が身体に蓄積し、やがて識閾を超えて知覚されると前提しているからである。しかしながら、恨みや我慢や努力もまた、「蓄積される」といわれる。「蓄積された疲労」は、たとえ生理学的現象として説明されようとも、それ自身比喩にすぎない。生理学的現象は、疲労という現象と精確に対応しないのだから、少なくとも原因ではありえない。並行して生じる場合もあるといった現象にすぎない。

　疲労は「蓄積」するような、時間のなかの現象ではなく、時間そのものと切離すことはできない。人間経験において個々の行為は、ひとつの「いま」を生きることによって成立する。たとえ開始時刻と終了時刻が異なっており、行為するひとがそれを意識するにしても、もしそれがおなじ「いま」として理解できないなら、一方は他方の回想であり、他方は一方の夢にすぎない。この「いま」は、もし疲労が生じてこないならば永遠であるが、実際には「ときがたった」とその「いま」のなかで知られ、どんな「いま」も回想すべき過去となる。疲労とは存在していた「いま」が永遠でないことについて経験されるあらたな「いま」、生成しつつあるもうひとつの「いま」なのである。

　この「いま」の意識、もうひとつの「いま」を回想されるべき過去へと追いやり、自分自身を不抜の自己として、実際は傍観者として成立させるこの自己の経験において、このような疲労、あらたな「いま」は、からだのだるさやこころのいらだちについての意識によって与えられ、ひとがひとつの行為から「われにかえる」ように促される。

　「疲れを知らぬひと」は勇敢であったり誠実であったりすることを通じて永遠に生きようとするひとであるが、やがては心身から「われ」が失われて

行為およびその現在が崩壊するにいたるであろう。だからこそ、他人の行為に対し、ひとは本人の報告とは別にそのひとの疲労の度合を推定し、継続であれ中止であれ、行為が完結することを勧めるのである。それは本来、開始した時刻に対する現在時刻の差によってではなく、行為の意義と身体の自然的条件との均衡によってなのである（他方、いつも疲れているひとは、世界を他人事のように見る思弁的な自己である）。

　人間工学的思考においては、個人の行為の意義を労働の対価という定数と労働時間という変数によって定義し、個人の身体の自然的条件を標準的身体という係数によって定義しようとするので、疲労を現実的に捉えるのに失敗する。個別的に多様な人間ひとりひとりの動作を科学的主題にすることはできないといいたいのではない。疲労の測定については、統計的な真理を求めることができるし、それはそれで労務管理には有用である。しかし、人間と機械の関係をあきらかにしようとする際には、疲労と機械とを対比して、（疲労しない）機械を時間の外部という非人間的次元に見いだすべきではないであろう。いいかえると、「機械は永遠に反復するが、人間は疲労する」という人間主義的表現は幻想である。反復を本質とするものは機械ではなく、人間である。実態は、人間が「いま」を反復し、そのことによって永遠の経験をしようとする、そこに機械が噛みあわされているということなのである。

　ひとが機械に反復を見るのは、それが疲労の反対物（疲れを知らぬもの）として現象するからである。時計こそその表象を作りだす機械であり、ひとはそれによって時間のなかにおのれと疲労とを見いだすのである。しかし、機械であれ人間であれ、反復が作業の目的に反しはじめる時点というものがあって、そのとき疲労が生じる。機械ないしわたしの意図が実際の作業より早く進みすぎるということと、まさに「わたしは疲れている」と意識することは裏返しのことである。進行中の「いま」がそれ以前を過去とするという「いま」の原理に従って、疲労する以前の主体（機械に合体していた人間）が機械に、疲労している主体が現在の意識に帰され、疲労するのは人間であ

るという一般化がなされるのである。

 とすれば，たとえばマルクス風に，疲労は労働から疎外された労働者が切り売りした自己の労働に対して抱く感情であると解するだけでは片手落ちであろう。長引く論争に結論を与えさせ，戦争に平和を与えさせるのも（理性ではなく）疲労である。生理学的な不完全性の蓄積が，闘う意欲を自動的に沮喪させるからではない。疲労とは，論争や戦争が過去のものになったという意識である。なるほど疎外されて生じる疲労感は，不完全なものとしての自己の経験であるが，完全性（完成）は疲労の別名にすぎないのである。

 したがって，人間工学のように，疲労を人間に帰して，それを人間のやむをえざる欠陥とみなすべきではないのである。人間工学が疲労を人間の作業の特性とみなすのは，概してそれが主題とする作業が，もっぱら当該人間に押しつけられたもの，人間にその目的や意図が理解されていないものだからである。機械に人間を組みあわせ，人間に機械を組みあわせることは，そこに作業を形成することである。もし機械と人間の合体が生じるとすれば，作業の終わりと完成とが一致し，満足感を伴う「心地よい疲労」というものも経験されるわけであって，それは人間労働の限界（境界・限定），労働が時間のなかで動機づけられる際の，その時間そのものについての経験のことだ，ということになるであろう。

 われわれは，さきに「意識」とは何のことかと問題にした。意識という概念は曖昧であるということだったが，それにしても機械には認められないとされる「意識」とは，単に疲れている人間の経験のことなのではあるまいか。夢中で何かに没頭しているのにそれに連関する何ものをも見逃さない明晰な意識と，傍観者として何もかも見えているように感じるのに何も発見できないぼんやりした意識とを区別すべきである。主題とすべきなのは作業中の前者の意識なのに，すべて報告される意識は後者の意識，疲労した人間の経験の疲労の程度についての報告になってしまう。疲労すればするほど状況の把握は乏しくなっていく。他方，前者の意識は機械に溶け込んでおり，機械の部品と身体の器官とが連動している。こうした報告するゆとりもない意

識こそ，機械と人間（からだとこころ）の合体を特徴づけている，機械のものとも人間のものともいえない——どちらでも構わない——意識なのである。

VII. 巨大なもの

　機械と人間に関する以上の考察をふまえ，現代の環境について概括して，本章を終えることにしよう。

　機械という概念は，生物とも意識とも噛みあいうる概念であって，その意味では人間という概念と対立するものではなかった。むしろ，今日のわれわれは，どこまでも機械と組みあわされた経験において，人間と機械をどのように分離して理解することができようか。というのも，個々の機械なるものは存在しない——個々の機械は，製作される対象としてしか存在せず，それもまた別の製作する機械によって，またその部品となる諸機械から製作される。人間が使用し，生活の前提となり，人間が取り巻かれ，取り込まれる機械は，多くの機械の集まりであると同時に，いつも諸機械のシステムであり，諸機械と人間のネットワークである。

　たとえば，自動車を運転しているわたしの身体の，どの部分を人間的と，どの部分を機械的と呼ぶべきであろうか。通りぬけようとするゲートからの数センチの車体表面は，わたしの皮膚の感覚とおなじようなものである。曲がるのにハンドルの握りかたを意識しすぎるならば，かえって事故になってしまう。そして，数十センチの段差があればもはや移動できなくなるこの物体にとっての，いたるところ張り巡らされた帯状の平坦な地面こそ，タイヤと接合するこの機械の主要な部品ではないのか。わたしは自動車と一体化するよりもずっとまえから，どこかへ自動車で行こうとし，自動車で行けることを前提していたのだから，いわば道路のネットワークのなかに生きているのである。

　同様に，地下鉄は，トンネルを掘ってレールを敷設し，そこに電車を通し

たシステムではなく——それは設計段階の表象にすぎず——，光景の断片化を通じて人間身体を文脈なしに移動させる，いわばテレポーテーションのシステムである。地下に潜り，やがて地上に出現したときに見いだされる光景は，不連続の光景を可能にする。その間ひとびとは，じっと鋼鉄製の装置のなかでプラスティックのワッカに連結されたり，布製の段差に臀部を接合されたりして，朦朧としていれば（意識が混濁していれば）いるほどよいという次第である。とはいえ，われわれはモンタージュ化された光景を見るためにそうするわけではなく，やがてどの駅も共通のデザインで装飾され，差異はその場所で目的の建物を見いだし，ひとがそこでどのように機能するかだけとなるであろう。

あるいはまた，翼が押しやろうとする数キロメートルにわたる膨大な量の空気こそ，航空機を飛翔させる重要な部品である。われわれは，どのようにして航空機の身体をそれから区別し，われわれがそれに乗ってどこかに行くと表象することができるのか。航空機の巨大さが教えてくれるものは，そうした巨大な物体が人間の制御のもとにおかれているということよりさらに，地球大気のメカニズムに人間的営為を接合する航空ネットワークのもっと異様な巨大さである。航空機は地球上，従来は質的に区切られていた別の空間を物理的に結びつけてしまう。飛び立ち，高度数千メートルにいたったのちに降りたったところは別の文化ゾーンである。とはいえ，その文化は航空機とともに相互に伝染していき，ついにはどこもおなじような場所にしてしまうだろう（グローバリズム）。

かくして，今日のわれわれは，自動車や地下鉄や航空機のように，もはや空間の物理的性格を問題にしなくてもすむようになっている。しかも，インターネットをはじめとする情報ネットワークに比べれば，それらのネットワークは，いわば「兆候」のようなものにすぎなかった。ネットワークという語は，もともとラジオ局やテレビ局を結ぶものとして使用されていた。それらは交通機械のテレポーテーションと同様，千里眼の機能として享受されていた。情報を供給するものであったが，その場合の情報は企画され提供さ

れる類のものであって，情報を含む場所そのものではなかった。それに対し，インターネットを代表とする情報ネットワークにおいては，クリックが瞬時に世界をかけ巡る合図となるのだが，場所の方が移動してディスプレイの前に出現する。移動は抽象化され，だれもどこをも移動してはいない。こうした平面的なものも，――将来はホログラムによって立体像が出現するかもしれないし，疑似体験装置が家庭に導入されるかもしれないが――，隔たりの差異が指摘できるかぎりにおいて，空間の一種である。空間は抽象化される。TVゲームの世界のようになるというべきですらない。TVゲームはひとつの機械であるが，情報ネットワークは現実の空間であり，ひとはそこでひとに出会い，喜びを得ると同様に，傷ついたり人生を変えられたりする。だから，われわれは，画面が切り替わったとはいわずに「移動する」というのである。

いうまでもなく，こうした世界を可能にしたのは，近代の科学技術である。しかし，ハイデガーは，科学技術を超えてそこに出現してきた，非物理的（非自然学的）で異様な「巨大さ」を以前から指摘していた。

「計画，計算，設備，保安の巨大なものが，量から独自の質に飛躍するに及んで，この巨大なもの，一見つねに余すところなく計量されるべきものが，ついに計量されえないものに転化します。人間がスペクトゥムとなり，世界が像と化せられるに及んで，計量しえないものが見えない影となって，地上一切の事物を蔽っているのです」（『世界像の時代』理想社，1962年，39頁）。

かれは，近代の科学技術を「精密さ」によって特徴づける。これは数と計算によって測定される（計量される）という意味であるが，数学自身の性格によって精密なのではなく，対象領域と対応させられることによって精密なのである（同書，13頁）。というのも近代の学問にとっての真理は，存在するものを計量されるべき対象とするために表象化することによって，計算する人間に確信を生みだすところにある（同書，24頁）。それゆえ，文中にあるように「人間がスペクトゥム（主観）となり，世界が像と化せられる」

といわれるのである。主観（スペクトゥム）とは，そのうえにすべての存在するものが基礎づけられるもののことであるが，人間のうえにすべてが基礎づけられるようになると同時に，存在するものが世界という表象のなかに位置を占めるようにされたということである。

　ハイデガーによると，それは古代中世と比較して，必ずしも学問の進歩ではなく，学問のありかたが変化した結果にすぎない。古代中世には世界像は存在せず，近代において世界が像になった。人間は，近代になって，像となった世界に住まうようになり，そうした経験のしかたが「人間」と呼ばれるようになったという。このような人間であり続けるべきとする倫理が，同時に世界が像としてあること，すべてが計量されるものであることを可能にしているというわけである。そこでかれが問題にしたのは，世界像は必ずしも各文化によって一致しないから世界観の争いが生じ，そのなかでもはやそれ自身は計量できない「巨大なもの」が出現し，近代的主観としての人間には捉えきれないものが人間を振りまわすようになっているということであった。

　かれは「巨大なもの」としてラジオと航空機をあげているが，うえに述べたように，わたしは現代の情報ネットワークこそ最もそれにふさわしいと考える。情報ネットワークは，近代のめざしていた存在するものの表象ではなく，表象するものの表象を媒介するメディアである。存在するともしないともいえず，人間を基盤にすることのできないもの，そこから溢れるものを表象し続ける。今日においては，表象が近代における存在の身分を得て，その主観がネットワークになり，人間はそこに起こることに確信も責任も負えなくなっているということではあるまいか。

　とはいえ，これは，近代の主観としての人間にとってである。人間は，巨大なものの出現とともに，近代的な意味での人間ではなくなりつつある。人間は何になるのか。ニーチェのいう「超人」にか。むしろ，ネットワークの部品のことではあるまいか。

　ハイデガーに従って考えを進めていくなら，もはや学問の真理を保証する

根拠として，人間が機械には還元できないということに固執する必要はないであろう。「人間は機械である」という言説を脱近代的に読みとらなければならない。とはいえ，言説が真理の表象であることも近代の価値であり，普遍性もまた近代の価値にほかならなかったのであるからには，あらたな時代が近代を包括するという形であたらしい人間のありかたをあきらかにすることはできない。現代の思考は，ハイデガーのように，古代から現代までをたださまようばかりで，世界の中心に位置づけられることはないであろう。

ハイデガーによると，近代的言説のなかでいわれてきたように，近代とは，科学が技術に反映されて，人類が自然を支配するようになった時代なのではない。技術は人類の出発点にまでさかのぼる。近代の特徴は，技術が科学的知見を採用したというだけのことである。むしろ科学的研究の方が，純然たる理論的探究というよりは，実験装置の技術的開発に依拠し，企業として展開してきたのである（『技術論』理想社，1965年，20頁）。

ただし，そのことによって，技術が変質したということを，ハイデガーは認める。かれによると，古代の技術は人間に真理を開くものとして位置づけられていたが，近代になると，それは自然に対する挑発として，エネルギーを蓄えて分配し，役立つものとして準備するものとなる（同書，34頁）。そしてその結果，「人間自身の方がすでに，自然エネルギーを搬出するように挑発されている限りにおいてのみ，かくのごとく仕立てゆく露な発きが生起しうるのである。もし人間がかくのごとく挑発され，仕立てられているものなら，実に人間こそ自然よりも更に根源的に，役立つものに属しているのではないか」（同書，35頁）とかれは述べるのである。

「人間自体がもはや単に役立つものとしてしか受け取られるほかなき道もなき，最果の縁を歩むのである。にもかかわらず，かくも危険に脅かされているその人間が，地上の主人顔をして傲然と構えているのである。だからこそ恰も，およそ出会うといわれるべきものは悉く，ただただ人間の拵え物である限りにおいてのみ存立するものであるかのごとき，見せかけが巾を利かすのである。この見せかけはいよいよ熟して，一つの終極的な欺瞞のまぼろ

しとなる。この幻影によって，あたかも人間はいついかなるところにあっても猶も，他ならぬ自分自身にのみ出会っているかのごとく，見えるのである」（同書，48頁）。

　わたしは，このハイデガーのことばに，本章の冒頭で挙げた現代の二重真理の事情が与えられているように思う。人間は，一方では役立つものとしての機械である。しかも人間が主体であるかぎりにおいて，「わたしは機械ではない」と理解する。すべては機械であるが，人間だけが機械を作る権能をもっているのだから，それはまた人間自身の反映である。人間は機械のあいだでこそ機械の主人としての自己を捉えるようにしてしか，自己について思考できなくなっている。それが，近代精神の行きついたところだったというのである。

　ハイデガーは続けて，それによって現代においては，人間が人間自身に出会えなくなっており，そのことは「危機」であると述べ，危機は同時に希望であるとしてこの講演を締めくくっている。そのことばの意味は聴衆に委ねられたわけであるが，それは聴衆の思考に対してではなく，もしかすると情報ネットワークにおけるわれわれの実践に対して委ねられたのかもしれない。

おわりに

　本章が批判しようとしたものは，物質からなる自然の世界から生命が生まれ，その生命に意識が宿るにいたったとする現代の神学である。それは，近代精神において思考されたものの表象による，人間という種族の年代記である。しかしながら，自然であるとされたものは，いずれの時代いずれの文化においても実践的なものであった。「自然とは何か」という理論的な問いは，近代科学が真理とした表象の世界において主題とされるようになったものである。自然を年代記において表象しようとするあくなき努力が，博物学（自然史）や進化論を生みだし，そこに人間を位置づけるよう促してきたのであ

るが,そうした歴史の全体を見渡すことができるのは(キリスト教的な)神だけだったというべきであろう。

　今日の状況に対しては,「意識」や「真理」といった概念を,以上のような現代の神学のなかで上手に説明しさえすれば,それで問題がなくなるというわけではない。哲学がいまなお存在しうるとすれば,それは徹頭徹尾思考の源泉にさかのぼろうとする思考,思考しつつ思考が出現してくる根拠についての思考としてである。それは機械と人間の関係をさきの神学とは別様に理解する。すなわち,機械である人間と機械を製作する人間の見かけ上の二重性として,人間の起源を理解することになるであろう。

　もとより人間の身体は,機械と人間の組みあわせそのものであった。人間は,石を砕いて器官＝道具の組みあわせを接合する(機械化する)ばかりでなく,その対象である植物についても人間の都合のよい表現型に作り変え,野生動物を家畜にしてその生殖を管理し,人間にとって都合よい動物を製造し,人間身体に連結してきた。人間は歴史を通じて,単に人間の文明の発展というばかりでなく,周囲の動植物を作り変え,そればかりでなく,その営みによって自然環境全体の変化を巻き込みつつ「進歩」してきたのである。

　たとえば,もともとはオオカミであった犬は,何と大きく異なったものに,別の種であると見まちがえるほどに多様なものになったことであろうか。人間が石に対してとおなじように働きかけて作りだした生物は,そのメカニズムを知られる以前から機械だったのであり,そのような働きかけと対象がメカニズムをもっていることは,実践的には調和していることだったのである。

　そして,このように人間は動植物の生殖をコントロールすることによって生物を機械化してきたわけだが,その反面として,人間自身をも家族制度——愛や人倫の共同体といった大変美しい名前の群集——によって家畜化し,つまり生殖をコントロールして人間の都合のよい機械にしてきたわけである。10万年まえの人類の祖先をオオカミにたとえるとすれば,現代の人間は,多種多様な犬のように改造されて出来上がってきた機械,種としては

すでに滅びている原始人類とは似ても似つかない生物であるにちがいない。

　余談ながら，今日クローン技術が開発され，いよいよ都合のよい人間が生産されようとしているのは，そうした生殖技術の延長である。そのことに対して歯止めをかけなければならないという意見が強いようであるが，少なくとも，かつて無垢で純粋な人間とその精神が，自然のなかに生じてきたとの前提からそう主張すべきではないであろう。

　このような次第で，情報ネットワークが発展してひとつの環境のごときものとなったいまとなっては，「人間は機械である」かどうかとか，「わたしは機械である」かどうかは，もはやたいしたことではなくなっている。いま述べた別様の文明史において，人間が機械を製作し，人間を機械へと作り変えていき，端的に「人間が機械になる」と主張し，機械になった人間が振り返ることのできる起源は機械だけだと主張することになるにしても，近代のようにそうした表象が問題ではない以上は，ことさら驚くべきことではない。けだし「わたしはすでに機械である」といっていいが，「機械」の意味も，「である」ことの場も，すでに近代とは異なっているのである。

第5章

生命と情報をめぐる思想史序説
――カントの有機体論を中心に――

八 幡 英 幸

第5章 生命と情報をめぐる思想史序説

はじめに

　18世紀の人，カントが生命の問題に深い関心を持っていたことはおよそ疑いようがない。その有機体論としては『判断力批判』（1790年）の後半がよく知られているが，たとえばビュフォンの自然誌への言及は，自然哲学に関する初期の論考から自然地理学の講義録に至るまで随所に見られる[1]。若きカントが思想形成を遂げた時代は，自然学の分野では，ニュートン力学の権威が確立された後，種々の生物をはじめとする個体への関心が著しく高まった時代，すなわち「自然誌の時代」であった[2]。

　現代の生命観とこの時代の生命観とを比べてみると，そこには欠落しているもの，存在するにしても比重の軽いものがあることがわかる。それは一つには時間の観点，進化の観点である。しかし，このような観点は，カント以降のドイツ観念論の展開とともに急速に時代全体を支配していくことになる。18世紀中盤からのリンネの言説の変化に象徴されるように，進化論以前に自然誌も歴史化されていく[3]。だが，すぐには埋められなかったもう一つの大きな欠落がある。それは情報の観点である。

　たとえば，古来，生殖という現象への関心は高かった。その過程において，何らかのしかたで生物の形質が受け継がれていることは明らかであった。しかし，それが一種の情報伝達によるものであることは，入れ子説のような個体前成説にまだ魅力を感じていたこの時代の人々にとっては思いもよらぬことであった[4]。

　『判断力批判』では，当時としては最新の知見に基づくブルーメンバッハの後成説——カントによれば種的前成説——に高い評価が与えられている（V. 424）。これはたしかに一歩前進ではあったが，「種的前成 generische Präformation」の内実はまったくの謎のままであった。また，この謎を埋めるものとしては，「形成衝動 Bildungstrieb」といった特殊な物質の力が想定されており，そうなると物活説への傾斜は避けられなかった。当時の人々

がそのような理論構成を強いられたのは、現在の見方からすれば、情報の次元への着目がなかったからである。

この欠落は何を意味するのだろうか。ここには、単に時代的制約といって済ませることのできない問題がある。17世紀の人、ライプニッツが情報理論の先駆者と目されることを考慮すると[5]、事態はそう単純ではないことがわかるであろう。大きな要因として考えられるのは、表象概念の相違である。カントの場合、後述するように、目的論的判断の意義は認めるが、目的の表象そのものは人間の意識の内に存在するものと考える。このことと、情報の観点の欠落とのあいだには深い関連があるように思われる。

一方、現代の生命観に目を転じていえば、そこに情報の観点が不可欠なものとして組み込まれていることは明らかである。「生物は、物質、エネルギー、情報の絶え間ない流れの中でだけ、生き延び、成長し、増殖することができる」[6]、というのがその基本線であろう。このような生命観は、18世紀のそれとは大きく異なる。私たちは、一面においてはライプニッツへと、またある一面においてはアリストテレスへと回帰しつつあるのかもしれない。本章では、そのことの意味をも問いたいと思うのである。

I. カントの有機体論

ここではまず、『判断力批判』の後半、「目的論的判断力の批判」の有機体論を紹介する。その細部には少なからず疑問があり、補助仮説なしには解釈しきれない部分もあるが[7]、ここではまず議論の大筋をつかんでいくことにしたい。

(1) 目的論的判断の事実：自然探求のもう一つの原理

「目的論的判断力の批判」ではまず、自然探求の中で「原因性の諸法則」だけでは説明のつかない事例に出会い、そのことから目的論的判断が要請される場合があることが次のように指摘される。

「目的にしたがう自然の結合や形態という概念は，自然の単なる機構 Mechanism にしたがう原因性の諸法則では十分ではない場合に，自然の現象を規則へともたらすための，少なくとももう一つの原理である。」(V. 360，強調はカント，以下も同様)

また，「目的にしたがう自然の結合や形態」には，よく整った生態系のように自然の産物相互の関係が目的にかなったものと見なされる場合と，個々の自然の産物それ自体のうちに目的にかなった構造が見出される場合とがある。そして，「目的論的判断力の批判」の第一章「分析論」では，このうち後者，つまり「内的合目的性」についての検討がおもにおこなわれる。たとえば，次のように言われる。

「動植物の解剖をおこなう人々は，その構造を探求し，なぜどのような目的のためにその諸部分が存在しているのか（中略）を洞察することができるように，そのような産物においては何一つとして無駄なものはない，というあの格率 Maxime がどうしても必要だと考える（後略）。」(V. 376)

この「格率」は，自然の産物についての目的論的判断の一つの表現であるが，「分析論」では，そのような判断に正確な位置づけを与えるために，一つの新たな概念が導入される。それは，それ自体が一つの目的と見なされ，「内的合目的性」を持つものと考えられる自然の産物，つまり「自然目的 Naturzweck」の概念である。

(2) 目的と見なされる事物一般の特徴：偶然性と規則性

自然目的概念についてのカントの議論は，自然の産物であろうと，人工物であろうと，それ自体が一つの目的と見なされる事物に共通する特徴を見いだすことから始まる。そこでまず指摘されるのは，因果結合の観点から見ると，そのような事物の形態は「偶然的」だということである。たとえば，次

のように言われる。

> 「ある鳥の構造，つまり鳥の骨のなかの空洞，運動のための翼の位置，舵をとるための尾の位置などを列挙するなら，これらすべては，ある特殊な種類の原因性，すなわち目的の原因性（目的結合 nexus finalis）をさらに援用せずに，自然における因果結合 nexus effectivus に依拠するだけでは，きわめて偶然的だと言える。」(V. 360)

ここである鳥の構造が「偶然的」だというのは，それが現在のようなものである必然性はなく，それとは異なるものになっていた可能性もある，という意味である。別の例をあげるとすれば，たとえば，人間の両手，両足にはなぜそれぞれ五本の指があるのだろうか[8]。おそらく進化の中でそのような構造が生じたのだろうが，別の可能性がなかったわけではないだろう。にもかかわらず，それはそのようなものでなければならなかったかのように，私たちにとって当然のものとなっている。

しかしながら，形態の偶然性は，単なる無機物についても容易に指摘できる。たとえば，私が道端で拾う面白い形をした小石は，そのようなものである必然性はまったくないように思われる。それはたまたまそのような形をしていただけであり，つまらない形に欠けていた可能性はいくらでもある。しかし，そのような事物については目的論的判断は下されないだろう。では，違いはどこにあるのだろうか。

その違いは，目的論的判断の対象となる事物については，自然の因果連関の観点からみた場合，その形態の偶然性がもっと際立っているとともに，その事物は何らかの意図を感じさせるような，一定の規則にしたがって産出されているようにみえる，という点にある。このことは，実際に意図的に生み出された人工物の例をみてみるとわかりやすい。そこで，カントが最初にあげた人工物の例は次のようなものである。

「誰かが見たところ誰も住人がいないような土地で，たとえば正六角形のような幾何学図形が砂の上に描かれているのを見たとすれば，その人の反省は，この図形の概念を得ようと努めながら，漠然とであれ，そのような図形を生み出す原理の統一を理性によって見いだすであろう。」(V. 370)

たしかに，自然の原因だけで砂の上にそのような図形ができることは，仮にあったとしてもひどく稀な出来事であろう。また，そうであるからこそ，それは何らかの意図で，たとえば誰かに何かを知らせるために，一定の作図の規則にしたがって描かれたものではないかと思われるのである。たとえば時計のような機械の場合には，もっと明確な製作の意図とそれに対応する構造上の規則が見いだされるだろう。

また，このように因果連関の観点からみた場合の際立った偶然性と，何かある意図を感じさせるような規則性とが同時に見いだされるという特徴は，自然目的としての有機体にも見いだされる。すでに述べたように，鳥の翼や人間の手足の形態については，そのようなものが生じたことは，自然の原因だけからすれば偶然的に思われるが，鳥や人間については，それはまさに規則的に反復される発生のパターンなのである。

(3) 自然目的の実例：樹木の自己産出

さて，ここまでの検討では，自然の産物と人工物を区別する条件はまだ導入されていない。「自然法則の点での偶然性」を帯び，合目的的なものと見なされる事物には時計のような人工物も含まれる。それゆえ，カントは次に人工物を排除するための条件を追加し，自然の産物でありながらそれ自体が目的と見なされるもの，つまり自然目的のクラスを確定しようとする。この自然目的概念について，「目的論的判断力の分析論」でまず最初に提示されるのは次のような定式である。

「ある事物がそれ自体（二重の意味において）原因ならびに結果である

場合，その事物は自然目的として現存する。」(V. 370)

カントはこの箇所では，「ある事物がそれ自体，原因ならびに結果である」ということがなぜ自然目的概念の内容になるのかを説明しない。ここではむしろ，この定式を手がかりとして，自然目的と見なされる事物のおもな特徴が示される。すなわち，「それ自体，原因ならびに結果である」ということは，樹木の例を通して自己産出という意味に解され，それに対応する3つの現象があることが指摘される (V. 371-372)。

まず，ある樹木は，その種子によって新たに別の樹木を生み出すが，これは種としての自己産出である。また，樹木はさまざまな物質を養分として取り入れて成長していくが，これは個体としての自己産出である。さらに，葉や幹や根は相互に依存しあって樹木全体を支えているが，これはその諸部分の相互的な産出によって，樹木全体の自己産出がおこなわれることを示している。

さて，このような樹木の実例による説明は，内容的には，次に見るより詳細な自然目的概念の定式を先取りしていると言える。しかし，それは「本来的ではない不明瞭な表現であり，明確な概念から［あらためて］導出される必要がある」(V. 372, ［ ］は筆者の補足，以下も同様)。それゆえ，次の段階では，自然および技術の因果連関に関する既存の概念を手がかりにして，自然目的概念の本格的な規定がおこなわれることになる。

(4) 自然目的の2つの条件：全体と部分の相即

自然目的概念の規定は，それが満たさなければならない条件を2段階に分けて示し，それを最後に統合するというしかたでおこなわれる。まず，その第1段階では，技術の因果連関を手がかりにして次のような条件が提示される。

「自然目的としての事物に第一に要求されるのは，その諸部分が（その

現存在と形態に関して）全体との関係によってのみ可能だということである。というのも，その事物自体は一つの目的であり，またそうであるがゆえに，そこに含まれるべきすべてのものをア・プリオリに規定していなければならない概念もしくは理念のもとに包括されるからである。」(V. 373)

この引用だけではわかりにくいが，ここでは時計のような技術の産物が想起されている。時計について言えば，製作者に「そこに含まれるべきすべてのもの」を規定する「概念もしくは理念」があったからこそ，その文字盤や，長針と短針，それらを駆動する装置などの部品が生み出されたと言える。これと同様に，自然目的としての事物についても，全体の表象があってはじめて諸部分が可能になると考えることは，それを「技術の類似物 Analogon der Kunst」(V. 374) と見なすということである。

しかし，このような類比はそれだけでは不十分である。言うまでもなく，自然目的としての事物の場合には，人工物の場合とは異なり，その表象を持つ製作者を外部に想定してはならないからである。『判断力批判』には自然神学についての議論もあるが，道徳神学を支持するカントは創造者の介入を認めない。それゆえ，次の段階では，自然目的としての事物はやはり自然の産物として，その内部から，諸部分の相互作用によって作り上げられなければならないという条件がつけ加えられる。

「[自然目的としての事物に] 第二に要求されることは，その事物の諸部分は互いにその形態の原因ならびに結果であることにより，全体の統一をなすように結合されねばならないということである。」(V. 373)

しかし，この条件は，諸部分の相互作用の集積からやがて「全体の統一」が生じると主張するものではない。ここでは，第 1 の条件も同時に考慮する必要がある。たしかに，諸部分とその相互作用が全体を構成するのではあるが，それらがそもそも全体の表象，つまり目的にしたがって生じるからこ

そ，そこに「統一」が生じる。要するに，自然目的としての事物においては，部分と部分の関係だけではなく，全体と部分の関係もまた相互的，相即的なのである。

(5) 自然目的としての有機体：自己産出する有機的組織

このようにして導出された2つの条件は，さらに何度か言い換えられ，自然目的概念の規定のうちに統合される。ここではまず，先ほどの二つの条件が，「器官 Organ」というキーワードを用いて次のように言い換えられることを見ておきたい。

> 「そのような［自然目的としての］自然の産物においては，それぞれの部分は，他のすべての部分によってのみ存在するとともに，他の諸部分や全体のために存在するもの，つまり道具（器官）と見なされる。」(V. 373)

> 「だが，それだけでは十分ではない。（中略）むしろ，その部分は他の諸部分を産み出す器官と考えられる（後略）。」(V. 372-373)

そして，このように言い換えられた2つの条件は，次のような自然目的概念の規定のうちに統合される。ここでは，「器官」の派生語である「（有機的に）組織する organisieren」という語が重要な役割を果たしている。

> 「そのような産物は，有機的に組織された，またそれ自身を有機的に組織する存在者として，自然目的と呼ぶことができる。」(V. 373)

この規定により，自然目的は，自己産出の能力を備えた「有機的に組織された存在者」，つまり有機体と同一視されることになる。すなわち，「有機体は，他の事物との関係を離れてそれだけで考察しても，自然の目的としてのみ可能であると考えざるをえないような，自然における唯一の存在者」(V.

375) なのである。

(6) 生の類似物としての有機体：環境への適応

さて，この段階では，自然目的すなわち有機体は，もはや「技術の類似物」ではない。それは外部に製作者を持たず，自己産出するという点で特にそうであるが，それ以外にも，その当時の「機械 Maschine」と有機体との相違は非常に大きい。たとえば，次のようなことが指摘される。

「自然はむしろ自らを有機的に組織するのであり，その有機的な産物のどの種においても，たしかに全体としては同一の範例にしたがって組織化が進行するのではあるが，環境によっては自己保存に必要な変更が適宜加えられる。」(V. 374)

有機体は環境に適応し，自己を変化させる。これに対し，カントの時代どころか20世紀前半まで，私たちの周囲には自己産出はもちろん，自己調節の機能を備えた機械すらほとんど存在しなかった。たとえば，ストーブのような暖房器具の場合，周囲の温度が上昇し，加温の必要がなくなったとしても，私たち人間がそれを止めるしかなかった[9]。温度の自己調節のためには，周囲の温度を感知し，それに基づいて動作――単純にはオン，オフ――を変える機能をそこに組み込む必要がある。

現在，そのような機能を備えた器具はどこの家庭にでもある。情報の観点から見ると，これは多くの機械が情報の収集をするようになったことを意味する。たとえば，カントの時代にあっても，時計はたしかに私たち人間に時刻を教えてくれた。正確に言えば，地球の自転と同期するよう仕組まれた，その内部の動作を情報として伝達してくれた。しかし，最近の電波時計のように，標準時と実際の時間表示についての情報を収集し，そのずれを自動修正するようなものはなかった。

ところが，生物は粘菌のような下等なものですら，環境の変化を察知し，

その生態を大きく変える。つまり，彼らは人間が作った機械などいまだに足元にも及ばないほど，たいへん「賢い」のである。その意味で，生物は機械——少なくともカントの時代のそれ——に似ているというより，むしろそれを作り出す人間そのものに似ている。カントもこのことを次のように指摘している。

> 「生の類似物 Analogon des Lebens とこれ［有機体］を呼ぶなら，おそらくその解明しがたい特質に一層近づくことになるだろう。」(V. 374)

注意しなければならないのは，ここで言う「生 Leben」とは，生物学や医学で言われるような意味での「生命」ではないということである。そうではなく，ここで言う生とは，「ある存在者の，欲求能力の法則にしたがって行為する能力」(V, 9 Anm.) のことである。また，「欲求能力とは，その表象を，その表象の対象の現実性の原因とするような，その存在者の能力」(ibid.) である。要するに，何らかの表象に基づいて行為し，その対象つまり目的を実現するような能力が，ここで言う生なのである。

(7) 反省的判断としての目的論的判断

だとすれば，有機体に関する目的論的判断は，それを多かれ少なかれ人間に類するもの，つまり知的な存在として捉えることを意味する。しかしながら，たとえばゾウリムシのような単細胞生物についても，そのような見方はできるだろうか。たとえば，ゾウリムシは食物として摂取すべきものを「知って」いて，それを「選ぶ」のだろうか。また，その細胞の中には，ゾウリムシをそのようなものとして形成する原理，つまりその全体の表象が潜んでいるのだろうか。

実際には，いくらか知的と言えるレベルの目的達成能力を持っているのは，ごく一部の高等な生物だけであろう。それどころか，表象というものを意識の中に映し出された対象と定義するなら，自己以外の人間の中にすらそ

のようなものが存在する証拠はないとも言える。目的には限らず，そのような意味での表象は，基本的には自己自身の内的意識によってしか把握できないからである。だとすれば，有機体に関する目的論的判断には客観的な根拠はないことになる。

　実際，カントはそのように考える。そして，有機体に関する目的論的判断は，その探求に欠かせないものではあるが，対象の側には根拠を持たないもの，つまり「反省的判断」として位置づけられる。「目的論的判断の弁証論」では，このことが次のような問いを通じて明確化される。

　　「この［目的論的判断の］原則は単に主観的に妥当するにすぎないのか（中略），それとも自然の客観的原理であり，それによれば自然にはその機構（単なる運動法則による）の他に，また別の種類の原因性，つまり目的原因のそれが帰属するのか。」(V. 390)

　カントは，このような問いについては，どちらの選択肢も採用しないという立場を貫いている。それは，自然が目的を持つという証拠はない一方で，自然はまったく目的を持たず，すべて原因と結果の関係だけから説明できるという証拠もないからである。これはいわば，探求の過程での非決定の立場である。このことに対応して，カントは自然目的概念を「反省的判断力のための統制的概念」として保持するよう勧める。

　反省的判断力は，個々の事物にあてはまる概念を発見する能力であるが，それは単なる帰納的な手続きによるものではない。むしろそれは，「客観的にはそれに関する法則がまったくない諸対象についての，まだ与えられておらず，実際には反省の原理であるにすぎない法則へと包摂する」(V. 385) はたらきである。自然目的概念は，ここで言う「実際には反省の原理であるにすぎない法則」にあたる。それは事物に客観的に妥当するような概念ではないが，さしあたり対象を包摂することにより，その機構の解明を促進する「導きの糸 Leitfaden」なのである。

II. 生命と情報——思想史的考察へ——

さて、ここまでは18世紀の人、カントの有機体論の大筋を紹介してきた。ここでは次に、現代の生命観において大きな比重を占めている情報の観点から、以上のようなカントの有機体論をまず再検討することにしよう。また、それを手始めとして、情報の観点そのものについての思想史的考察にも着手したいと思う。

(1) 目的論的判断と情報の観点

さて、カントが有機体に見出した特徴としては、①その形態の偶然性と規則性、②種および個体としての自己産出、③部分と部分、全体と部分の相即性、④環境に適応するための変化などがある。また、有機体は「生の類似物」と称されるように、⑤その全体の表象に基づいてこれらの特徴を生み出しているように思われる。カントは、このような特徴は単なる自然の因果連関によっては説明できないと考え、それについての探求の「導きの糸」として自然目的概念を導入したのであった。

しかし、このような有機体の特徴は、ほとんど情報の観点から説明できるように思われる。まず、①その形態の偶然性と規則性は、遺伝情報の乗り物であるDNAの塩基配列そのものにはほとんど無限のバリエーションがあることと、それが不変的に複製されることによって説明される[10]。また、②種および個体としての自己産出も、DNAに書き込まれ、個体間、細胞間を伝達される遺伝情報によって説明される。さらに、各個体において、③部分と部分、全体と部分が相即的であることも、共通の遺伝情報が各細胞によって分有されることや、多くの細胞からなる複雑な生物の場合には、免疫系や神経系といった高度な情報伝達システムが存在することによって説明されるだろう[11]。そして、④環境に適応するための変化も、そのようなシステムを通じた自己調節機能や、遺伝情報そのものの変化によって説明される

ことになるだろう。

　以上，自然目的としての有機体について指摘されるどの特徴も，⑤その全体の表象，つまり基本設計を含むものとしての遺伝情報と，それに基礎を持つ情報伝達システムによって説明できるように思われる。また，そうなると，すべての有機体がカントの言う意味での「生の類似物」であり，その内なる表象に基づいて目的——さしあたり生存——を実現しようとする存在者であることは，もはや自然探求のための格率ではなく，客観的な事実であるかのように思われる。

　しかし，ここではむしろ，有機体の特徴が情報の観点から説明できるようになったことで，特別に目的論的判断を下す必要がなくなったとも言えるのではないだろうか。たとえば，ある生物の基本構造という全体の表象が遺伝情報に含まれるのであれば，その表象を特に「目的」と見なす必要はないのではないだろうか。

　そのように考えられるのは，目的というものについては，カントの場合にまさにそうであるように，意識に現われる表象としての位置づけが一般的だからだろう。これに対し，情報については，遺伝情報がまさにそうであるように，対象の内に実在するものとしての位置づけが一般になされている。このことから考えられるのは，情報の観点が導入されることにより目的論的判断がどうなるかは，目的および情報というものの位置づけ——特に意識や物との関係——によって変わってくる，ということである。

(2)　情報伝達の多様性：信号から象徴まで

　ここではさらに，情報の観点と目的論的判断との関係を考えていくために，情報概念についての検討をしておくことにしよう。まず，サイバネティクスの創始者とされるN. ウィーナーは，その著書『人間機械論』（1950年，原題『人間の人間的な利用——サイバネティクスと社会』）で情報というものを次のように定義している。

「情報とは，われわれが外界に対して自己を調節し，かつその調節行動によって外界に影響を及ぼしていく際に，外界との間で交換されるものの内容を指す言葉である。」[12]

ここで，私たちが外界に対しておこなうとされている「調節行動」には，たとえば季節ごとの植物の変化のような，まったく意志的ではないものも含まれる。たとえば，サクラは秋冬が来ると落葉し，春になると開花して昆虫を集めるが，これもひとつの調節行動である。この場合に「外界との間で交換されるもの」としては，各種の養分や水分，酸素や二酸化炭素などのガス，光や熱などがある。そして，その「内容」，つまり成分や量などのパターンが，サクラや昆虫に季節を「知らせる」のである。

人間にとっても，季節の推移のような時間についての情報はたいへん貴重である。仮に時計がなかったとしても，太陽の動きがそれを私たちに「知らせる」だろう。また，私たちの体にはそれに対応したリズムが刻み込まれており，それが時計の役割を果たすこともあるだろう。さらに，日時計を考えてみればわかるように，時計は元来地球の自転に同期して動いており，その運動パターンを私たちに「知らせる」。このように情報というものは，その担い手の意志や生命の有無を問わず，世界に溢れている。

人類学の分野では，このことを意識した情報伝達のあり方の区別がおこなわれている。たとえば，E. リーチは「メッセージ搬送体」（以下 A）と「メッセージ」（以下 B）の関係に注目し，次のように「信号」と「指標」を区別している。

「信号 SIGNAL　A：B の関係は機械的であり自動的である。A が引き金となって B を喚起する。メッセージとメッセージ搬送体は，単に同じものの両面である。人間を含むあらゆる動物は，四六時中，実に多種多様な信号に絶えず反応して生きている。」[13]

「あらゆる自然種は進化して環境に適応し，網目のように絡みあった複

雑な信号系によってその環境に反応するようになった。」[14]

「指標 INDEX 『AはBを表示する』。信号は動的であり，指標は静的である。信号は因果的であり，指標は記述的である。この指標一般のクラスのうち，指標とそれが意味するものとの連合の絆が自然現象のなかに見出される場合，それを自然的指標という。(中略) 標号 signum とは，その意味内容との連合が文化的約束事にもとづくものをいう。象徴 symbol と記号 sign は，標号の下位範疇として対比されるものである。」[15]

このように情報伝達は，機械的，自動的なものから，意識的，文化的なものに至るまで実に多様な仕方でおこなわれる。しかし，いずれにせよ，それは私たちが環境に適応して生きていくために欠かせないものである。また，カントが意識と物のあいだに設けたような明確な区分はここには見られず，物質的な自然の過程と人間の知的，精神的な営みとは，たしかに一応は区別されるにしても，本質的には連続的である。

(3) 思想史的考察1：ライプニッツとの関係

このような情報概念の特徴は，私たちに何を想起させるであろうか。それはライプニッツの世界観ではないだろうか。実際，サイバネティクスの創始者 N. ウィーナーは，ライプニッツをその「知的祖先」と呼んでいる。また，その一方で，カントが『判断力批判』で用いた「合目的性 Zweckmäßigkeit」という語は，ライプニッツが用いた「調和 harmonie」という語のドイツ語訳であるとの指摘もある[16]。しかし，なぜ両者に共通する先行者としてライプニッツが名指しされるのだろうか。その根本的な理由は，次のような表象の位置づけにあるように思われる。

「『一』すなわち単純実体において，多を含み，かつ多を表現している推移的状態が，いわゆる表象に他ならない。あとで明らかになるが，表象は

意識された表象つまり意識とは区別されねばならない。この点でデカルト派の人たちは大きな誤りをおかして，意識されない表象など無いものと考えた。」[17]

これは『モナドロジー』からの引用であるが，「『一』すなわち単純実体」にはすべてのモナド，つまり人間の精神だけではなく，他の生物や事物もまた含まれる。ライプニッツのいう表象は，それらのすべての内に宿っているものと考えられる。また，それが「多を含み，かつ多を表現している推移的状態」だというのは，鏡としてのモナドには世界の様々な出来事が映し出されるということ，言い換えれば，それらに関する情報がそこに集約されるということを意味する。これはまさに，生物が環境に適応するためにおこなっていることである。たとえば，動物については次のように言われる。

「さらにわかることは，自然が動物に引き立った表象を与えたこと，多くの光線や空気の振動を集めそれらを結びつけて，効果をいっそう大きくするためのいくつかの器官を動物にそなえさせる，という配慮をしていることである。嗅覚，味覚，触覚，そして恐らくわれわれの知らない他の多くの感覚においても，事情は似ているところがある。」[18]

動物を情報機械と考えるこのような記述は，N. ウィーナーの著作にあったとしてもおかしくないだろう。ライプニッツはさらに，次のような条件反射が動物に生じることをも指摘している。すなわち，「犬に棒を見せると，棒から受けた苦痛を思い出して鳴きながら逃げていく」。これはおよそ単純な学習の例であるが，「人間といえども，表象間の連結がただ記憶の原理によってのみなされているあいだは，動物と同じような行動をしている」[19]。しかし，人間の場合，もちろんそれだけではない。

「われわれは高められて，自己自身を知り神を知るにいたる。そして，

これこそわれわれの中にある理性的な魂,すなわち精神と呼ばれるものである。」[20]

ライプニッツの場合,人間の精神がこのような「高さ」を持つということは,その裾野である動植物の世界から切り離されることを意味するわけではない。それは,情報伝達が信号による機械的,自動的なものから,象徴や記号による意識的,文化的なものへと発展したからといって,その本質が変わらないのと同様である。しかしながら,目的の表象について言えば,それは一定の「高さ」を持つ精神にしか明確には存在しない。それは,目的という未来に属するものを表出するには,高度な情報処理が必要になるからであろう。それゆえ,現象面ではたしかに次のような区別が存在する。

「魂は目的原因の法則にしたがい,欲求や目的や手段によって作用する。物体［身体］は作用原因の法則つまり運動の法則にしたがって作用する。」[21]

にもかかわらず,次のように言われる。

「魂はみずからの法則にしたがい,身体もまたみずからの法則にしたがう。それでも両者が一致するのは,あらゆる実体のうちに存する予定調和のためである。どの実体も同じ一つの宇宙の表現なのであるから。」

ここでは,「あらゆる実体のうちに存する予定調和」について,形而上学の観点から何かを言おうとは思わない。しかし,「どの実体も同じ一つの宇宙の表現」だという主張については,次のような経験的解釈が可能だろう。すなわち,少なくとも生命体については,それが存在する世界を映し出すもの,つまりその環境についての情報収集を絶えずおこなうものとしての位置づけが可能である。また,そのようにして環境世界を反映するという点で

は，ゾウリムシのような単細胞生物と人間のあいだにはやはり違いがあるとしても，それはその方式と程度の違いでしかないのである。

このような考え方に基づくと，意識的な目的の表象による人間の行為と，他の動植物の営みとを類比的に見ること——カントによれば，それを「生の類似物」と考えること——には十分な根拠があるように思われる。このことと，カントがその有機体論を展開する際に，ライプニッツの「調和」の訳語にあたる「合目的性」をキーワードとして用いたということのあいだには，何か深い関係があるように思われる[22]。実際，カント最晩年の遺稿集『オプス・ポストゥムム』には，人間の意識と物体の運動力とを連続的にとらえる次のようなライプニッツ的世界観が示されている。

「私たちは，そうしたものが存在する可能性の根拠をさらに詳しく理解することはできないが，自己を自動機械として意識しているので，物体の有機的な運動力を物体一般の分類にア・プリオリに導入できるし，そうすることが許される。」(XXI, 213)

ここで，カントとライプニッツを比較しながら，自然の産物についての目的論的判断の条件について考えると，およそ次のようなことが言えそうである。すなわち，まず一方では，明らかに目的の表象を持つ人間と，そうではない自然の産物とを区別する視点，つまり差異の観点がなければならない。その一方では，にもかかわらず両者を類比的にとらえるための視点，つまり連続性の観点がなければならない。

ところが，カントの場合，差異の観点は明確に——あまりにも明確に——存在するが，連続性の観点は弱いと言わざるをえない。それに対し，ライプニッツの場合，差異の観点もあるが，連続性の観点が明確に存在するという特徴がある。また，このことは，表象というものを必ずしも意識に結びつけない理論構成から来ており，この点ではライプニッツの立場はやはり現代の情報理論に近いのである。

(4) 思想史的考察2：アリストテレスとの関係

　ところで，ライプニッツはなぜ自然と人間を連続的にとらえるような視点，それを可能にするような表象理論を持つことができたのだろうか。このことは，17世紀前半のデカルトと18世紀のカントのあいだに，表象というものを当然のごとく意識に結びつける流れがあったことを考えると，大変興味深い問題である。おそらくその大きな要因は，古代の哲学に対するライプニッツの深い関心にある。それを裏付けるかのように，ライプニッツは生命について論じる際に「エンテレケイア」という言葉を用いる[23]。

　　「あるモナドに属していて，そのモナドを自分のエンテレケイアあるいは魂としている物体は，エンテレケイアと一緒になって生物と名づけ得るものを構成し，魂と一緒になっていわゆる動物を構成する。」[24]

　ここでは，生物一般にはエンテレケイアが，動物には魂があるとされていることから，魂はエンテレケイアの一種，そのより高度なものと考えられる。また，エンテレケイアは「完成態」あるいは「完全現実態」と訳されるが，これは質料には依存せず，それだけで完全な現実性を持つもの，つまり形相としての実体を意味する。これに関連して，アリストテレスの『形而上学』には，自然を研究する者は質料を認識するだけではなく，形相としての実体を認識するべきだと述べた箇所がある[25]。ライプニッツは，たとえば次のように述べ，この視点を受け継ぐことを明らかにしている。

　　「デモクリトスの微粒子，プラトンのイデア，および事物の最善の結合に存するストア派の平静心をわれわれの時代が軽蔑から救い出したように，今やペリパトス派［アリストテレス学派］の形相あるいはエンテレケイアについての教説（当然にも謎めいたものと思われていたし，また著者たち自身によってすらほとんど正しくとらえられていなかった）が理解可能な観念へと引き戻されるであろう。」[26]

ライプニッツが，古代の自然学，特にアリストテレスのそれにはいまだ汲み尽くされていない意味がある，と考えていたことは確実である。それでは，アリストテレスの自然学，とりわけ生命についての議論はどのようなものだったのだろうか。ここでは，「形相あるいはエンテレケイアについての教説」を中心に，その概略を見ていくことにしよう。非常によく知られているように，アリストテレスはまず，自然には次のような四種類の原因があると主張する。

　「原因というにも四通りの意味がある。すなわち，われわれの主張では，そのうちの一つは，物事の実体であり，そのなにであるか［本質］である。つぎにいま一つは，ものの質料であり基体である。そして第三は，物事の運動がそれから始まるその始まりであり，そして第四は，第三のとは反対の端にある原因で，物事が『それのためにあるそれ』すなわち『善』である。」[27]

　すなわち，これらは順に，形相因，質料因，作用因，目的因である。
　これに対し，たとえばカントの場合，自然現象の原因と見なされるのは作用因だけである。また，質料としての物質は，たしかに自然現象の基本にはあるが，それが独立の原因と見なされることはない。ましてや，形相や目的が自然現象の原因と見なされることはない。それに類するものが人間の心に抱かれ，後続する行為に影響を与えることはあるにしても。つまり，自然の世界からは形相因と目的因は排除され，質料もそれ自体としては原因にはなりえないとされる。
　しかし，それはなぜだろうか。一つには，時間の観点からの説明ができそうである。まず，現象はすべて時間の推移にしたがって「生じる」とすれば，先に生じたものが後に生じるものに影響する，つまりその原因——作用因——になると考えられるのは当然である。これに対し，究極の質料として，たとえば基本粒子があるとすれば，その組み合わせは変わるにして

も，それ自体は先にも後にも生じることはないだろう。さらに，目的について言えば，その表象が人間の行為に先立つことはあるとしても，それそのものは期待される結果，つまり後に生じるものにすぎない。

　要するに，時間の観点からすると，先に生じるものとしての作用因が，すでに与えられているものとしての質料を従属させ，後に生じるものとしての目的因を圧倒した，と言えそうである。しかし，そのようにして目的因が圧倒された背景には，もう一つ重要な要因がありそうである。それは，作用因が質料と強く結びつくのに対し，目的因は形相としての性格を持ち，しかも，形相というものが実体として存在し，実際にはたらくということが認められてこなかったということである。ところが，アリストテレスの場合，たとえば次のように述べ，このことを大胆に認める。

「自然というのに二義，すなわち質料としての自然と型式［形相］としての自然があり，そして形相の方は終わり［目的］であって，その他はこの終わりのためにであるからして，形相そのものは，その他のものどもがそれのためにであるそれとしての原因［目的因］であらねばならない。」[28]

これに対応する具体例もあげておこう。

「最も明白に，自然の目的性の認められるのは，他の動物においてである。それらは技術によってでもなく，探求したり考慮したりしてでもなしに，仕事をするものである。だが，この方向に少しずつ歩を進めると，植物のうちにもその終わり［目的］に向いているものの生じていることが明らかになる，たとえば，木の葉が果実を蔽い守るために生えるなど，それである。したがって，もし燕が巣を作り，蜘蛛が網を張り，また植物が，その果実のために葉を生やし，栄養をとるために根を上にではなく下におろしなどするのが，自然によってであるとともになにかのためにでもあるとすれば，自然によって生成し存在する物事のうちにこうした原因［目的

因〕の存することは，明白である。」[29]

　ところで，ここで目的因と呼ばれているのは具体的には何であろうか。それは，情報ではないだろうか。たとえば，燕が巣を作ったり，植物が果実を守る葉をつけるのは，その時期が来たことを知らせる信号が伝えられるからだろう。また，そのような信号が伝えられる機構そのものは，その生物のすべての細胞に刻み込まれた遺伝情報の中にプログラムとして存在したはずである。そのようなプログラムこそ，まさに「その事物が何であるかを言い表す説明方式」，つまり形相でなくて何であろうか。

　アリストテレスはさらに，形相には類と種差が含まれるとしている[30]。遺伝情報についても，そこには類に共通する部分と，種によって異なる部分とがあることは明らかである。そして，私たちは今，そのような類と種差からなる情報が，生物というものを形作る大きな要因の一つだと考えている。これは，かつてライプニッツが望んだ，形相因の復権とでも言うべき変化ではないだろうか。このことがはたして何を意味するかは，いまだ十分に問われていない問題である。しかしながら，今は思想史の一つの解釈として，この問いをここに立てることで満足するほかはない。

注

1) cf. I. 238, 277, 345, 438, 444, 451 ; II. 4, 8, 115, 142, 237 ; VII. 221 ; XIII. 74, 168. 以下，カントの著作の参照箇所については，アカデミー版全集の巻数（ローマ数字）とページ数（算用数字）を括弧に入れて示す。
2) cf. ヴォルフ・レペニース，『自然誌の終焉——18世紀と19世紀の諸科学における文化的自明概念の変遷』，山村直資訳，法政大学出版局，1992年，pp.42-54.；渡辺祐邦，「総論——自然科学にとって18世紀とは何であったか」，伊坂青司・長島隆・松山寿一編，『ドイツ観念論と自然哲学』，創風社，1994年，pp. 137-169.
3) cf. ヴォルフ・レペニース，前掲書，pp. 74-77.
4) cf. 渡辺祐邦，前掲書，pp. 151-153.
5) ノーバート・ウィーナー，『人間機械論（第2版）——人間の人間的な利用』，鎮目恭夫・池原止戈夫訳，みすず書房，1979年，pp. 12-13.

6) フランソワ・ジャコブ,『可能世界と現実世界——進化論をめぐって』, 田村俊秀・安田純一訳, みすず書房, 1994年, p. 76.
7) その補助仮説とは, 行為する人間こそが有機体の範例ではないか, というものであるが, これは『判断力批判』の時点では伏流として存在し, 最晩年の遺稿集『オプス・ポストゥムム』に至って顕在化する主張である. cf. 八幡英幸,「「自然目的として見る」ことの文法——カントの有機体論からの展望」,『実践哲学研究』(京都大学文学部倫理学研究室), 第16号, 1993年, pp. 1-18.
8) F. ジャコブは, この種の疑問をいくつか提起している. cf. 前掲書, pp. 4-9, 27-28.
9) サーモスタットのついた電気こたつ, 電気炊飯器などが日本で普及し始めたのは, 1950年代後半(昭和30年代)のことである.
10) cf. J. モノー,『偶然と必然』, 渡辺格・村上光彦訳, みすず書房, 1972年, pp. 137-142.
11) cf. F. ジャコブ, 前掲書, pp. 74-76.
12) N. ウィーナー, 前掲書, p. 11. しかし,「外界との間で交換されるもの」という表現は,「われわれの内部および外界との間で交換されるもの」としたほうがよいだろう.
13) エドマンド・リーチ,『文化とコミュニケーション——構造人類学入門』, 青木保・宮坂敬造訳, 紀伊國屋書店, 1981年, p. 30.
14) E. リーチ, 前掲書, p. 51.
15) E. リーチ, 前掲書, p. 30.
16) E. カッシーラー,『カントの生涯と学説』, 門脇卓爾・高橋昭二・浜田義文監修, みすず書房, 1986年, p. 306.
17) ライプニッツ,『モナドロジー〈哲学の原理〉』, 西谷裕作訳,『ライプニッツ著作集9:後期哲学』, 工作舎, pp. 209-210.
18) ライプニッツ, 前掲書, p. 213.
19) ライプニッツ, 前掲書, p. 214.
20) ライプニッツ, 前掲書, p. 215.
21) ライプニッツ, 前掲書, p. 237. 続く引用も同様.
22) ところが, 驚くべきことに,『判断力批判』にはライプニッツの名は一切登場しない.
23) ライプニッツは,「精神だけがモナドであって, 動物の魂とかその他のエンテレケイアとかは存在しないと思い込んだ」として「デカルト派」を批判している(ライプニッツ, 前掲書, p. 210). それゆえ, エンテレケイアへの言及は, 彼らへの対抗という意味を持っていたはずである.
24) ライプニッツ, 前掲書, p. 232.
25) cf. アリストテレス,『形而上学』, 1037 a 16-17, 邦訳:『アリストテレス全集12』, 出隆訳, 岩波書店, 1968年, p. 246.

26) ライプニッツ,『物体の力と相互作用に関する驚嘆すべき自然法則を発見し, かつその原因に遡るための力学提要』, 横山雅彦・長島秀男訳,『ライプニッツ著作集 3：数学・自然学』, 工作舎, p. 493.
27) アリストテレス, 前掲書, 983 a 27-33, 邦訳, pp. 12-13. 筆者の判断により, 訳者による挿入は取捨選択して引用した. 以下も同様.
28) アリストテレス,『自然学』, 199 a 32-35, 邦訳：『アリストテレス全集 3』, 出隆・岩崎允胤訳, 岩波書店, 1968 年, p. 76.
29) cf. アリストテレス, 前掲書, 199 a 22-28, 邦訳, pp. 75-76.
30) cf. アリストテレス,『形而上学』, 1037 b 9-1038 a 8, 邦訳, pp. 248-250.

参考文献

アリストテレス,『自然学』, 出隆・岩崎允胤訳,『アリストテレス全集 3』, 岩波書店, 1968 年.

アリストテレス,『形而上学』, 出隆訳,『アリストテレス全集 12』, 岩波書店, 1968 年.

ノーバート・ウィーナー,『人間機械論（第 2 版）——人間の人間的な利用』, 鎮目恭夫・池原止戈夫訳, みすず書房, 1979 年.

エルンスト・カッシーラー,『カントの生涯と学説』, 門脇卓爾・高橋昭二・浜田義文監修, みすず書房, 1986 年.

カント, アカデミー版全集（ドイツ語およびラテン語, 講義録・遺稿などを含む）, 邦訳として理想社版全集と岩波書店版全集（主として著作部分）.

フランソワ・ジャコブ,『可能世界と現実世界——進化論をめぐって』, 田村俊秀・安田純一訳, みすず書房, 1994 年.

ジャック・モノー,『偶然と必然』, 渡辺格・村上光彦訳, みすず書房, 1972 年.

八幡英幸,「「自然目的として見る」ことの文法——カントの有機体論からの展望」,『実践哲学研究』第 16 号, 1993 年.

ライプニッツ,『物体の力と相互作用に関する驚嘆すべき自然法則を発見し, かつその原因に遡るための力学提要』, 横山雅彦・長島秀男訳,『ライプニッツ著作集 3：数学・自然学』, 工作舎, pp. 491-527.

ライプニッツ,『モナドロジー〈哲学の原理〉』, 西谷裕作訳,『ライプニッツ著作集 9：後期哲学』, 工作舎, pp. 205-244.

エドマンド・リーチ,『文化とコミュニケーション——構造人類学入門』, 青木保・宮坂敬造訳, 紀伊國屋書店, 1981 年.

ヴォルフ・レペニース,『自然誌の終焉——18 世紀と 19 世紀の諸科学における文化的自明概念の変遷』, 山村直資訳, 法政大学出版局, 1992 年.

渡辺祐邦,「総論：自然科学にとって 18 世紀とは何であったか」, 伊坂青司・長島隆・松山寿一編,『ドイツ観念論と自然哲学』, 創風社, 1994 年, pp. 137-169.

第6章

遺伝情報における
プライバシーと守秘義務

松田一郎

第6章 遺伝情報におけるプライバシーと守秘義務　*145*

はじめに

　Watson, Click により遺伝子の構造が発見されてから51年をへた今日，ヒトゲノム研究計画は着実にその成果をあげ，ヒトの遺伝子数はショウジョウバエと同じく2万2千であることが確定された。単一遺伝子病のみならず，生活習慣病，医薬品感受性に関与する遺伝子などについても，やがてその多くが解明されるだろう。そうした遺伝医学研究や遺伝診療での倫理的な基本態度は，①研究ないし検査の意味を適切に理解してもらった上でのインフォームド・コンセントの取得，②そこで得られたデータ（情報）の管理と開示の問題である。そこには，自律，仁恵，危害防止，正義，さらには連帯・相互援助（solidarity）の生命倫理原則が生かされていなければならない[1,2]。何故なら，遺伝情報は"人格"の一部であり，人権保護の立場で守られるべきものだからである。遺伝情報について論じなければならないのは，その内容，守秘義務，管理，開示，さらに遺伝情報を誤用した場合のリスク（遺伝差別）についてである。現在，アメリカ，カナダ，イギリス，オーストラリア，ドイツなどで，遺伝プライバシー（genetic privacy）を巡って法律が制定され[1]，ユネスコ（UNESCO：国連教育科学文化機構）は2003年10月16日の第32回総会において「ヒト遺伝情報（データ）に関する国際宣言」を採択した。宣言ではその目的として，「ヒトの遺伝情報，ヒトのタンパク質情報，およびこれらの基になる生体試料の収集，処理，使用，及び保管に際して，平等，公正，連帯（solidarity）を維持しつつ，同時に，研究の自由を含む思想と表現の自由に敬意を払い，人間の尊厳を保障し，人権と基本的自由を保護すること；これらの問題における法律や政策の立案に際して各国への指針となるべき原則を設計すること；そして，関係する機関や個人を対象としたこの分野における正しい業務遂行のためのガイドラインの基礎作りをすること」をあげている[2]。

I. プライバシーと守秘義務

(1) プライバシー

……他人がわれわれのことを知ったとしても気にしないだろう。ところが詳細を知っているとしたらプライバシーが侵害されたと感じるだろう。例えば私が病気だということはたまたま知り合いになった人にでもわかってしまう。しかし，もしこの人が何の病気かということまで知ってしまったら，プライバシーが侵害されたと感ずるだろう。あるいは，大の親友なら，私がどんな病気なのか知っているかもしれない。しかし，もしも私がその病気で苦しんでいるところをその親友に見られてしまったら，しかもその症状がその病気によるものだと知ってしまったら，私はプライバシーが侵害されたと感じるだろう[3]。

Privacy の語源はラテン語の *privatus* であり，"public life からの離脱"を意味している。日本ではプライバシーとカタカナ表現で使っているが，その理由はそれに相当する概念が日本では明確でなかったからである。明治初期，福沢諭吉が "rights" の語に接して，それをどう日本語（権利）に訳すか，その概念をどう日本国民に伝えるかで苦労した話と相似している[4]。ロングマンの英英辞典では，privacy は，"the condition of being able to be alone, and not seen or heard by other people（他人の耳，目から閉ざされて独りでいる状況）"，とか "the condition of being able to keep your own affairs secret（自身に関する出来事を秘密にしておく状況）" と記述されている。

Beauchamp らはこの状況への第三者からのアクセスをプライバシーの問題として論じ「人に対して限定的にアクセスする状態，あるいは状況」と定義している[3]。

Allen は，このプライバシーの概念には，少なくとも4つのカテゴリーが

含まれ，①physical privacy；個人およびその人のスペースへのアクセス，②informational privacy；第三者（the third party）からの個人情報へのアクセス，③decision making privacy；個人の選択の自由。国，または第三者からの干渉，特に私事，例えば，出産に対する干渉から逃れること，④proprietary privacy；個人の人格（human personality）における権益の所有（ownership）と専有（appropriation）に関すること，であると述べている[4]。遺伝プライバシー（genetic privacy）はこの4つのディメンションをすべて備えている[5,6]。

社会倫理（social ethics）では本来的価値（intrinsic value）と道具的価値（instrumental value）が，それぞれ区別されて論議されるが，プライバシーはその双方の価値を持っている[5]。本来的価値とは，人格に関する基本的な信念と強く結びついたもので，それを守ることが良い結果をもたらすという目的のためでなくて，それがなければヒューマンライフが確立できないという意味で，守らなければならない価値のことを指している。それは自律もしくは個人の自己統治（self-governance）と密接に関連していて，この思惟は啓蒙思想に由来し，アメリカでは法学，および倫理学領域で最も強い支持を得ている。短く言えば，自分自身に関する重要な決定に際しては，基本的人間性（authentic humanity）としての自律（autonomy），機会（chance），許容度（capacity）が鍵になる。つまり，何を，どこまで（許容度），いつ（機会）決めるかは個人の問題（自律）である，という基本姿勢である。自律はプライバシーと密接に関連している，それは自律があって初めてプライバシーが確立できるからである。つまり，個人の自律とは自分自身の主権（sovereignty）を重視し，それを自身で守る権利をもつ，とする考えである。カントの義務論では，人はそれぞれ他者を尊敬する責務を持っている。したがって，仮に疾患治療のための科学的進歩や罹患の予防という崇高な目的のためであっても，その目的のために人を手段としてのみ利用することは悪と判断される[7]。社会を維持していくためのルールを決める場合でも，自律を尊重する原理で構成されるべきである，という論理になる。

道具的価値 (instrumental value) とは，それを守ることで，本人が望ましいとする結果を獲得できるか否かの判断を下す際に問う価値のことである。この場合ある行為がもたらすものが善なのか，もしくは悪なのか，その評価は得られた結果によって規定される。したがって，道具的価値では経験的な証拠が，プライバシーをいかに保護すべきか，その程度を決定づける。こうした道具的アプローチ (instrumental approach) は功利主義，結果主義の概念で論じられるが，Beauchampら[3]，およびAnderlikら[6]は，ベンサムやミルの"最大多数の最大幸福を生むことが最善である"，の論理が道具的価値観の基礎になると述べている。われわれは愛，友情，信頼，そのほか多くの親密な社会的関係を獲得し，維持するために，他者が自己のプライバシーにアクセスすることを最善と考えた場合には，それを容認している。それを許すか否かは，目的を実現するために何を求めるかによって決まる。例えば，われわれは自分の健康を維持するために医師が自分のプライバシーにアクセスすることを受け入れている。その場合でも，同時にアクセスを許すことによって生じるマイナス面への配慮が問題になろう。これまで，遺伝情報の一般化 (generalization) や伝播 (dissemination) に関連しては，その有用性だけでなく，危険性をいかに防止するか，その対策についても論議を重ねてきた。これには，家族内での遺伝情報開示の条件設定，生殖遺伝学 (repro-genetics) における様々な場面での問題，雇用者への遺伝情報遺漏の防止，遺伝情報の所有権など，多くの問題が含まれている。プライバシーは本来的価値 (intrinsic value) として守られるべきものではあるが，道具的価値論では，絶対的な価値 (absolute value) としてではなく，プライバシーを守った場合と，他者にそれへのアクセスを許した場合に得られるもの，失うものに対する比較評価（価値判断）が意味をもつことになる。問題は，もし個人の遺伝情報にアクセスすることを許すなら，どのような理論構成を必要とするのか，という問いである。基本的には患者（クライアント）について便益の最大化，リスクの最小化を図るべきであるが，遺伝情報の場合，後に触れるその特性とも関連して，一般的な医師-患者関係だけでは論議できな

い問題が存在する。つまり，プライバシーの価値は基本的であるが，絶対的ではなく，場合によっては，道具的価値に比重をかける必要性があり得るということである（例えば，後に触れる血縁者間での遺伝情報の開示）。

(2) 守秘義務 (confidentiality)

守秘義務はしばしばプライバシーと同様に用いられるが，両者はそれぞれ異なると説明されている。生命倫理に関するアメリカ大統領委員会報告では，報告書を纏めるに当たり，「プライバシーとは他人との関係において個人について用いる概念であり，守秘義務とは，人と機関との間の関係にのみ用いる概念である。プライバシーは，情報の入手と開示に関することであり，守秘義務とは一度提示された情報の再開示にのみ関することである。言い換えれば，プライバシーは通常個人によってコントロールされるものであり，守秘義務とは個人のプライバシーを手中にしている人たちによってコントロールされる性格のものである」と定義した[8]。また，AnderlikとRothsteinは「守秘義務とは専門職種（professional），信託（fiduciary），契約上の関係（contractual relationship）にある者が，公的でない個人情報を第三者（the third party；当事者以外の人物，機関）への開示に関して，果たすべき義務のことである。法，社会的規範，契約によって，もしくはそれらの総合によって，情報を知りえた第三者がそれを，特別の承認を受けた，極めて限られた環境以外の場所での再開示（re-disclosing；第三者に開示されているプライバシーをその第三者が他の人物，機関に再度提示する）をしたり，もしくは論議をしたりすることは禁じられている」と説明している[6]。上述のアメリカ大統領レポートの最終部分の説明が最も理解しやすいであろう。日本での医師の守秘義務は刑法による秘密の保護「刑法134条1項」の「医師，薬剤師，医薬品販売業者，助産婦，弁護士，公証人又はこれらの職にあった者が，正当な理由がないのに，その業務上取り扱ったことについて知り得た人の秘密を漏らしたときは，6月以下の懲役又は10万円以下の罰金に処する」のように記述されている。

II. 遺伝情報とその特性

(1) 個人の遺伝情報と集団の遺伝情報

　ユネスコ宣言での用語解説では，遺伝データ（genetic data）を核酸の解析，または他の科学的解析により得られる個人の遺伝的特性（heritable characteristics）に関する情報，またプロテオームデータを発現，修飾，相互作用を含む個人のタンパク質に関する情報と定義して論を進めている[2]。一般的に，遺伝情報（genetic information）の語は変異遺伝子，染色体異常などの遺伝データの他に，家系図，家族歴などの情報も含んで使われている。遺伝子DNAに関するデータが"個人情報"として機能するためには，少なくとも次の2点，①そのデータが誰のものか，もしくはどの集団に由来するか，その所属が明確であること，②そのデータが示す科学的意味[9]が明らかであることが要求される。さらに，もし臨床で利用するなら，特定の集団における変異遺伝子の頻度，浸透度（または，ライフタイム・リスク），自然歴などのデータが必要になる。あるヒト集団での遺伝情報という場合は，その情報は特定の集団に属すことが確実で，一定の解釈を下すのに必要な参加者を対象とした，バイアスのかからない状況で得た遺伝データでなければならない。後にも述べるが，正確な意味を持たない遺伝データを遺伝情報として誤用したり，遺伝差別に悪用したりすることのないように監視する必要があるし，またそうした管理機構が必要になる[10]。

(2) 研究で得られる遺伝情報（データ）の守秘義務

　日本の「個人情報の保護に関する法律」（平成十五年法律五十七号）では，五十条の［三］で，「大学その他の学術研究を目的とする機関若しくは団体又はそれらに属する者　学術研究の用に供する目的」で個人情報を取り扱う場合は，この法の適応外と定められている。従って，研究者は文部科学省，厚生労働省，経済産業省の「ヒトゲノム・遺伝子解析研究に関する倫理指

針」[11]やCIOMSの「ヒトを対象とした生命医学研究のための国際倫理ガイドライン」[12], UNESCOの「ヒト遺伝データに関する国際宣言」[2]などにしたがって,遺伝情報保護に努めなければならない。また,個人情報保護法の二十三条の[三]では,「公衆衛生の向上又は児童の健全な育成の推進のために特に必要がある場合であって,本人の同意を得ることが困難であるとき」は,本人の同意取得なしに個人情報の第三者への提供が認められている。このように公衆衛生研究に医療情報を利用する場合は例外扱いにされている。

家系を中心とした臨床研究

単一遺伝子遺伝病について,疾患の責任遺伝子を同定し,疾患との関連性を明確にし,さらに遺伝子変異の性質[13]を解明するために,また修飾遺伝子[13]を検索するために,同じ疾患の複数の家系を対象とする検索は臨床研究(clinical research)であり,次に述べる臨床の場での遺伝学的検査(genetic testing)とは別に論じられるべきであろう。表現を変えれば,この臨床研究の過程で責任遺伝子が同定され,さらに遺伝子型・表現型相互関係(genotype phenotype relationship)[14]などについても解明されていれば,将来,臨床の場での遺伝学的検査としての有用性は高くなる。この臨床研究では,研究目的,遺伝子検査に特定した正確な個人情報(個人を識別できる記載,年齢,性別,発症の有無,身体的特徴,発端者との血縁関係など,但し研究に関係しない個人情報へのアクセスは避ける)を取得する必要性がある。さらに得られた結果説明の必要性の有無(研究への参加者すべてが情報の開示を望むわけではない),カウンセリングの必要性,研究への参加と同時に不参加の自由などについての説明を織り込んだインフォームド・コンセントが必須である。インフォームド・コンセントにおいては,この臨床研究で得られた遺伝情報(プライバシー)を"守秘義務"に従って,第三者からどう守るかについても,具体的に参加者に伝えるべきであるし,研究結果はカルテとは別に記載,保存するべきである。

集団(コミュニティ)を対象とする研究

ある集団(同一疾患罹患者,同一地区居住者,同一職能集団など複数者)を対象とする研究(特定疾患の関連遺伝子,遺伝子多型研究,バイオバンク作成など)では参加者をどのように募るか,個人のプライバシーをどう守り,得られた情報(データ)をどう開示するか,などが問題になる[15]。そこで得られたデータには,臨床的に利用可能な医学情報と異なり,遺伝情報としての価値が低い場合もある。つまり,研究データは臨床的に意味がなく,もしくは誤解を招く危険性を秘めている。ある疾患についての遺伝子研究の場合でも,遺伝子変異と罹患リスクの関連性についての情報はまだ初歩的段階であったり,結論が得られていなかったり,妥当性に乏しかったり,様々な場合が想定できる。そうした研究は参加者に直接的な便益を還元できることは期待できない。それでも,その研究が必要であると判断されるには,研究の社会的意義が明確であること,研究協力者(参加者)はあくまでもその研究の意義を理解した上での自由意思による参加であること(利他的行為:altruistic nature of research),研究への参加者のデータに不適切に,また不必要に第三者がアクセスすることのないようにするためのルールが設定され,それが守られていることなどの確認が必要になる[16]。

① データの取り扱いとインフォームド・コンセント

遺伝学的研究では他の研究と同じく,①個人に連結したデータ (linked data),②匿名化した,但し連結可能なデータ (anonymous but linked data) ③個人との繋がりを完全に断ったデータ(連結不可能匿名化:unlinked and anonymous data)に分けることができる(それぞれを,①identified data,②coded data,③anonymous data と表現する場合もある)。①の特定個人の遺伝情報であることが識別できる場合は,研究に先立ってインフォームド・コンセントが必須である,②の場合もインフォームド・コンセントは必須であり,その中で参加者に検体の取り扱い,守秘義務への対応などを具体的に説明するべきである[17]。①,②の場合,参加者が研究の途中で参加を断念し,検体の破棄を申し出た場合,可能な限りそれに応じなければならな

いし，このことはインフォームド・コンセントに記載しておくべきである。研究データの保管に関しては，特にそれが患者個人を識別できる場合は，患者の病歴とは別にして保管することがFullerらにより強く主張されている[16]。③の場合は，研究結果（データ）と個人とを連結することは不可能なので，研究についての個々人からのインフォームド・コンセントは要求されない。しかし，もし何らかの方法で，対象となる集団に研究計画を告げることが可能なら，その手法は採るべきであろう[12]。また，集団（コミュニティ）について代表者を特定できるなら，その人物からコンセントを取得することは可能である。その場合でも，その集団に属している個人には参加拒否の権利のあることを説明し，それをインフォームド・コンセントに記載しておくべきである[12,18]。その集団にとって不利なデータがでる懸念は否定できないし，それが遺伝差別につながる危惧があるからである[19,20]。

② 研究結果への参加者からのアクセスと研究遂行者による開示

基本的には可能な限り参加者は研究結果にアクセスすることが許されるべきであるが，①のように個人識別を可能な状態にした研究でない限り，現実的に，それぞれの参加者が研究データにアクセスすること（個々人への結果開示）は難しい。②のような場合は連結可能なので，理論的には参加者が，また第三者がアクセスすることは不可能ではないが，実際上は容易ではない。しかし，不可能でない以上，①の場合と同様その情報をどのように保護するかについて具体的な計画を立て，そのことをインフォームド・コンセントで明示する必要があるし，倫理委員会の審査もその点を確認すべきである。積極的な情報開示に関しては，①の場合も②の場合も，一定の条件が揃わなければ倫理的に許されないと考えられている（表1）[21]。また，最初からこうした条件をクリアーすることが出来ないと想定される場合は（例えば，研究結果を臨床的に意味があると結論するには，引き続いて研究を重ねなければならないと判断されている場合），そのことを倫理委員会への提出書類に記載し，さらに参加者へのインフォームド・コンセントに明記するべきである。③の場合は物理的に参加者個々人がデータにアクセスするこ

表1 遺伝研究で得られた情報についてのプライバシー保護

―以下の場合を除き，参加者は研究結果にアクセスできる（参加者に開示できる）―
1. 守秘義務で守られた状況下で得られたデータを含んだ情報で，その情報が他人に関するものである，または患者がそれを知ることで他者に害を及ぼす可能性がある場合，
2. 情報へのアクセスが研究への参加者の，また他者の生命または身体的安全性を危険にさらす場合，
3. アクセスが研究の"masking"を破壊する，もしくは，そうでなくても研究の遂行，もしくは研究結果の障害になる場合，
4. 研究結果が臨床的な正当性が証明できない場合，IRB (Institutional Review Board) が参加者に対して便益がないと判断した場合。このような（ことが予想される）場合はインフォームド・コンセントで，研究結果は個人に還元されないことがあり得ることを，明確に述べるべきである。

Fuller BP et al.: Privacy in Genetic Research. Science 285; 1359-1361, 1999より引用。

とはできないので，研究結果を学会発表やジャーナルなど適切な方法を通じて公開すべきである[12]。

(3) 遺伝学的検査で得られる遺伝情報の守秘義務

遺伝学的検査の特性

遺伝情報は人格の一部であり，いくつかの特性を備えている。ユニークであること（個性），一生変わらない情報であること（不変性），将来罹患する疾患を予想できること（予見性），但し，後に述べるように確実性という点では問題がないわけではないこと（不確実性），血縁者間でその一部を分かち合っていること（共有性），遺伝差別に誤用される可能性があること（危害性），そして偶然に，自分のルーツを知るような可能性があること（意外性），などである。したがって，遺伝学的検査は他の臨床検査といくつかの点で基本的に異なっている（表2）。これについては，検査の前に行う遺伝カウンセリングを通じて予め受検者に伝えておくことを忘れてはならない。遺伝学的検査は疾患の確定診断，保因者診断，胎児診断，予見的診断（発症

表2 遺伝学的検査で得られる遺伝情報の特性

1. 遺伝学検査によりその人のユニークな遺伝情報が得られる（個性）。
2. その人の情報として一生変わることがないので（不変性），発症前検査，易罹患性検査に利用される（予見性），但し，変異遺伝子が見つかっても必ずしも罹患するとは限らない場合がある（不確実性）。
3. 血縁者は一部の遺伝子を共有しているので，遺伝情報も共有している，したがって，遺伝情報は家族計画（出生前検査）に利用される，このことで家族間に利害の対立を生む懸念がある（共有性）。
4. 偶然に，本人の予期していない遺伝情報（例えばルーツなど）が見つかる可能性がある（意外性）。
5. 検査結果が陽性でも（何時発症するか不安），陰性でも（何故，自分だけ免れたのかというサバイバル・ギルティ）心理的に深刻な影響をもたらす可能性がある。
6. 雇用，生命保険などでの遺伝差別に悪用される可能性がある（危害性）。

前診断，易罹患性診断）などのために行うが，科学的に真に意味のある検査でなければ，検査することは倫理的に問題がある[12,22]。例えば，予見的診断の場合，浸透度がほぼ100％に近いHuntington病や家族性ポリポーシスの発症前診断なら科学的意味があるが，浸透度がそれほど高くない易罹患性疾患の場合は，検査の信頼性（reliability）と妥当性（validity）が検証されていなければならないし[23,24]，インフォームド・コンセントの段階でそのことが告げられていなければならない。そのためには，前述の集団を対象とした研究などによりデータ・ベースを構築しておく必要がある。

将来，薬理遺伝学（pharmacogenetics, pharmacogenomics）が臨床に導入されることが指摘されているが，その場合でも，遺伝子多型検査の信頼性と妥当性についての検討がなされていなければならない[25]。遺伝子医療の大きな問題の一つは遺伝子変異の頻度が各人種で異なることで，外国でのデータをそのまま日本で利用することができないことである。

子どもの遺伝情報

遺伝情報は本人からのインフォームド・コンセントの取得が必要である

が，年少の子どもからはコンセントを取得できないので，特別な配慮が要る。成人期になって発症する疾患で，発症予防や治療法が確定していない場合，年少時に遺伝学的検査を実施するのは避けるべきであるし，またそれを受けるかどうかは，本人が自己決定できる年齢になったときに，本人が判断するべきである[26]。思春期の子どもについては，倫理的には15ないし16歳になれば自分で意思決定できるとされ，その年齢に達すれば遺伝学的検査についてのインフォームド・コンセントをとることができる。しかし，日本の法律では20歳（成人）になるまでは，同時に両親からインフォームド・コンセント（パーミッション）が必要となる[11]。

遺伝学的検査で得られた遺伝情報の開示

生命倫理の中でも，真実の開示はきわめて基本的な原則である。それでもクライアントとその家族に大きな精神的な負担がかかると思われる場合には，医師の判断で，開示の期限を遅らせ，心の準備をさせることも可能といわれている[3]。遺伝学的検査によって予期しない結果，例えば，家族検索で父親の実父性が否定される結果が得られることがある。この場合，その情報の開示が問題になるが，医学情報でない限り開示する義務はないと考えられている[27]。将来子どもを持とうとするカップルはお互いの遺伝情報（詳細なものとは限らない）を共有することが勧められている[28]。しかし，日本での調査ではこの考えに同調する人は50～60％程度であるし，また家族に遺伝病患者を抱えているか，どうかで対応が異なっている[29]。

診断後も遺伝カウンセリングは当然なされるべきではあるが，その場合でもクライアントにその意思があるか否かを確かめてから行うべきである。検査の途中でクライアントが辞退する可能性を考慮しなければならないし，これは"知らないでいる権利（right not to know）"に属しているからである。この権利については検査を行う前に説明しておくべきである。前にも触れたように，遺伝情報は個人の一人のものであると同時に血縁者で一部共有して

いるので，遺伝的なリスクがわかった場合，クライアントのみでなく，その血縁者にも情報を伝えるのは道徳的義務と考えられている[22]。何故なら，それによって，血縁者は何らかの選択をすることが可能だからである。そこで，医療側が取るべき行動は，被験者に血縁者がカウンセリングを受けるように説得するように，働きかけることである。しかし，中には，自身の遺伝情報を血縁者に開示するのを拒否する人もいる。この場合，個人の"オートノミー"と血縁者の"被害防止"のいずれに優位性があるか，という対立関係（conflict）が成立することになるが，Beauchampらはこの場合，"被害防止"の方に優先性があると述べている[3]。2003年，遺伝関連学会で承認された「遺伝学的検査に関するガイドライン」では，こうしたときの遺伝学的検査の開示にいては，本人の承諾が得られなくても，一定の条件が揃えば血縁者に遺伝情報を開示することは許されるとしている[30]。同様な見解はWHO（1998），英国（1993），オーストラリア（1996），フランス（1995），日本（1995）で採られている[31]。但し，この"本人の承諾ない状況下での家族への情報開示"については，いずれの国でも，現行の法律では対処できていないことが指摘されている[24]。だが，実際には，アメリカで家族に対して遺伝性癌の情報提供をしなかった医師が裁判で敗れた事実が知られている[32]。

III. 遺伝情報における所有権の成立と特許

最初に述べたように，プライバシーがもつ4つのディメンションのうち，4番目の"proprietary privacy；個人の人格における権益の所有と専有"によれば，遺伝情報には所有権（subject of property ownership）が設定されることになる[1,33]。特に，その情報が商業目的に使用される場合，またその遺伝データについて特許申請がなされた場合，その遺伝情報（データ）の所有権を誰が保有するのかが問題になろう。遺伝情報をもつ本人なのか，それともその解析者なのか，という問い掛けである。現在は，ある疾患について責任遺伝子が単離され，同定された場合，その塩基配列をきめただけの

DNA断片は特許の対象にならないが，その機能が特定の疾患の診断など有用性を持つことが証明されたときには，その発見者に特許権が与えられ，知的財産権として保護の対象になっている。もし，こうした目的を含んで遺伝子研究を計画するなら，インフォームド・コンセントを取得する段階で，研究参加者にそのことを伝えるべきであろう[34]。一般的に，特許申請が可能な所見を得るためには，多くの対象者の遺伝子情報（データ）の解析結果が必要なので，解析者が対象者（参加者）と特許権をシェアするにしても，誰を貢献者として同定すればいいのか，それが難しいという現実的な問題もある。ただ，特許の問題は各国での対応が必ずしも同じでないので[1]，外国の特許情報・事情を調べても必ずしも日本では通用しない恐れがある。また，今後，"proprietary privacy"を根拠に，遺伝情報をもつ本人にも特許所有権をシェアするべきとの判断を下す国がでるかもしれない。一方で，本来，遺伝情報そのものに特許権を設定すること自体に問題（違和感）があるとする見解もなくはない。

IV. 遺伝差別の防止

遺伝差別が最初に取り上げられたのは1985年，アメリカ人類遺伝学会のワークショップであった。1992年，Billingsらは遺伝的差別とは"個人またはその家族が，実際に，また予測的に変異遺伝子をもっているという理由だけで，一見健常者なのに，差別を受けること"と説明している。つまり，遺伝病による顕在化した障害（遺伝形質）をもつために受ける差別のことではない[35]。こうした差別から個人を守るために，個人のプライバシーである遺伝情報が守秘義務（confidentiality）により管理されていなければならないし，雇用に関連して，生命保険加入に際して，学校生活の中でなど，様々な場面で行き届いた管理が必須になる。その他，前にも触れたが，ある集団に対する烙印（stigmatization）にも注意しなければならない[19,36]。ユネスコは「遺伝情報を個人，家族，グループまたはコミュニティを差別したり，人

権,基本的自由,人格を侵害するような目的に使ってはならない」と宣言している[2]。

(1) 雇用における遺伝学的検査と遺伝情報

日本では雇用における遺伝学的検査の実施については,まだ公的に議論されていない。イギリスでは1999年,英国人類遺伝学会審議会が,またアメリカでは2000年,当時の大統領クリントンが,政府機関での雇用に限定した「連邦公務員採用時における,遺伝情報による差別防止に関する特別命令」を制定した[37,38]。両者間に多少の違いはあるが,基本的には雇用に際して,遺伝情報による差別を禁止する内容である。その後,2003年10月にアメリカでは「遺伝情報・非差別法」を制定し連邦職員以外の雇用についても,この大統領令と同様に扱うことを定めた[39]。

アメリカでの対応

2000年アメリカでは,遺伝情報を理由に,政府職員の採用拒否,解雇などが起きることのないように,また雇用の保障,期間,状況,特権に関していかなる差別もしないように,大統領令により規定した[36,37]。この法令で保護の対象になる遺伝情報とは,①個人の遺伝学的検査に関する情報,②家族の遺伝学的検査に関する情報,③家族内での疾患,医学的状況,または疾患の発生状況に関する情報を指している。ここで保護対象となる情報は,単一遺伝病のみならず,多因子遺伝病に関する遺伝情報も含めたすべての遺伝情報であり,当然,保因者情報,易罹患性遺伝学的検査による情報も含まれている。では,どのような場合に,従業員について遺伝学的検査を実施できるのだろうか。これについては大統領令1-301(b)に,「従業員の保護されている遺伝情報,または遺伝サービス[40]の請求,またはその取得に関する情報を要求,収集,または購入する事ができる」条件として,①雇用主が提供した遺伝情報を従業員が利用する場合,②従業員が了解の上,自由意思で,署名した証明書を雇用主に提出した場合,が提示され,③当該者の

治療目的以外には開示してはならない（他に一部，公的なプログラムアセスメント，評価などの場合に例外的に許されている），と述べられている。従って，当該者の自由意思による署名がない限り，遺伝学的検査を実施することは不可能であり，アメリカ障害者法（就業後の健康診査での採血サンプルは本人の了承なしに何でも検査できる）とは大きく異なることになる[41]。

職場における有害物質の影響を調査する遺伝モニタリング[42]については，①従業員が了解の上，自由意思で，署名した承諾書を提出している，②従業員にはモニタリングが終了する時期，およびその情報の入手可能な具体的な方法が知らされている，③モニタリングの内容が公的に承認されている，④雇用主はモニタリング・プログラムに関する資格をもつ医療関係者のみに従業員の個人識別を開示する，などを確認した上で，それを実施しなければならない。遺伝学的モニタリングの結果，もしも就業後に獲得した遺伝子変異，もしくは染色体変異（親から伝えられた遺伝子変異ではない）が多発するなら，対応策として，その原因ハザードを探索，同定して職場環境を改善することが必須になろう。関連したもう一つの問題は，ある職場で特定の疾患が多発し，それに従業員の易罹患性が関与している場合である。例えば，ほこりの多い職場で多発するα1アンチトリプシン欠損症患者の慢性呼吸性疾患である。問題は，今後，遺伝子多型の研究が進めば，他の特定の職業病への易罹患性を示す遺伝子多型が明らかになる可能性が出現することである。そうなれば，遺伝スクリーニング[43]が採用され，発症しないかもしれないのに，中年になって普通の人よりも罹患性が高まるような病気の素因を持つというだけで差別を受け，採用を拒否され，低い収入の仕事を続けなければならないような事態を招くかもしれない。

イギリスでの対応

1998年，イギリス医師会は，職場での遺伝スクリーニングが行われることが許されるのは，①職場環境と遺伝スクリーニングの対象となる病態の間に強い関連性が認められる証拠があるとき，②発症した従業員が第三者

に危害をもたらす可能性がある，または従業員の健康に危険性をもたらす，そうした状況にある場合，③雇用者が危険な職場環境を変えたり，対応したりして，理論的な方法で，危険性を回避するまたは著しく軽減することが不可能な場合，を挙げている。イギリス医師会は，健康管理者は遺伝スクリーニングを実行する前に，ここに述べた基準にあうことを確認した上で実行することを勧告している。職場で遺伝スクリーニングを行うか，否かの判断は雇用者側にその権利があると考えられている。但し，それは従業員に潜在的危険性が告げられても，そのスクリーニングを拒否した場合，職業病に責任が持てないからという条件下でのみ成立するとされている[44]。1999年，イギリスの人類遺伝審議会が提出した見解では[45]，「職場環境または就業が，仮にそれが健康及び安全性に関する要求事項を満たしても，従業員のもつ特定の遺伝子変異に対して，特定の危険性を生むと推定される場合，雇用主は遺伝学的検査を（可能な場合）提案することができる。公的な安全性が問題となる特定の仕事については，雇用主は関連した遺伝学的検査を拒否した者の雇用を拒否することができる」という表現をとっている。これは，生命倫理原則の危険防止（特に公共の）に焦点を当てた見解で[3]，社会秩序を重んじるイギリス流の論理といえよう。このように，特別な職業病に対する易罹患性をスクリーニングし，職場環境がもたらす従業員への影響を最小限にするように配置転換を試みることに正当性がないわけではない。しかし，このことは易罹患性をもつ従業員を危険に晒すような職場環境をそのままにしておいてよいということではない。理論的に除去，もしくは軽減できるハザードに，いかなる従業員も暴露させるべきではない。社会は職場の安全性や，危険物の環境への流出を最小限にすることに関心を示すべきである。また，遺伝スクリーニング，遺伝モニタリングいずれもその正当性については，雇用主から独立した機関が判断し，実施するべきであろう。

(2) 健康保険，生命保険における遺伝学的検査と遺伝情報

現在，健康保険，生命保険の加入契約，および保険額の設定に際して，遺

伝情報をどう扱うべきなのか，その問題が論議されている。アメリカでは2003年に遺伝情報を健康保険契約の際の拒否，または契約金の変更などに利用してはならないと法律で決まったが[39]，生命保険についての言及はない。2001年にはヨーロッパ人類遺伝学会は遺伝情報を生命保険契約の際の条件としないように勧告を行っていて，現在，①いかなるものであれ，遺伝情報の使用を禁止する，②一定の保障額以下の場合には，遺伝情報の使用を禁止するなど2種類の法規制定がなされている[46,47]。一般に，保険契約は3つのグループに層別される：①標準，②準標準，③保険非対象である。最初のグループは保険加入に際して，大きな問題は起きない。次の準標準のグループに属する者は，自身のリスクの程度に従って，一般平均よりも高い掛け金を払わなければならない。既に存在している状態（病態）は，多くの場合，保険のカバー対象にはならない（この場合，発症していない遺伝性疾患をどうとらえるかが問題になる）。第3のグループに属する者は，彼らを保険でカバーするコストは，計算不能，もしくは理論的な掛け金以上になる可能性があるので，保険対象から除外されることになる。保険における公平（equity in insurance）の概念は，健康状態，生命に関しての期待が同じなら，掛け金は同額であるべきであり，健康状態，生命に対する期待度が低いのなら，掛け金はより多く払われるべきである，とする考えである。誰と誰が真に同じ状況にあるのか，誰と誰がそうでないのかを正確に見積もるという観点からすれば，遺伝学的検査は，その公平性を強化することに役立つことになる。ここでの問題は遺伝的リスクを持つ者がその事実を隠して，高額の保険契約をする場合で，このとき保険における公平の概念が崩れることになる（逆選択という）。しかし，ある調査によれば，BRCA 1変異遺伝子陽性の女性が，遺伝検査を受けなかった女性以上の額の生命保険に加入したというような事実は確認されていない，といわれている[46]。

　本来，保険契約に際して遺伝学的検査を行うことを疑問視する声が高い，何故なら，特定の遺伝子型に関連したリスクは，"本人が望んだわけではなく，くじを引いて当たるようなもので"，リスクにしたがって，保険契約者

を分類することは差別につながるとする懸念があるからである。だが，保険業者は，それは差別（discrimination）ではなくて弁別（differentiation）であると主張している。さらに，個人ではなく，リスクを対象にして弁別しているると主張しているという。保険に関していえば，遺伝的差別について2つの考えがある：①保険数理的な見方：遺伝的差別は，その推定方法が不正である場合に限り不公正（unfair）である，つまり誤ったリスクアセスメントに基づいてなされた場合である。保険数理的公正とはそれぞれの人が持っている保険対象になるリスクに合わせて，正しく扱うことである。②社会的な見方：遺伝的差別は，保険数理的には正当と判断されても，社会的には不公正とする考えである。つまり正確なリスクアセスメントに基づいて扱っても，それが本来平等であるべき，と決められた社会的恩恵を制限する事態を含むかもしれないからである。

ヨーロッパ人類遺伝学会は，「遺伝情報の利用増加は保険加入の拒否につながるので，これは差別であり，正当化できないという主張が普遍的な状況なので，法律は，保険業者による遺伝情報の利用を制限する方向で制定される結論になる可能性が高い」と踏んでいる[46]。そこで，オランダ，イギリスのように，2種類の保険を設定し，①ある額までは一切の遺伝情報を採用しない，②しかし，ある一定額以上の場合は遺伝情報を採用するという解決策が提案されることが考えられる。当然ながら，その一定額とは実際には幾らなのか，またそれを定めた根拠は何なのかはそれぞれの国で論議されるべきものであろう。

遺伝学的検査が広範に普及する段階で，保険での公正の原理（principle of equity）が平等の原理（principle of equality）に置き換えられたら，生命保険と医療費給付保険を維持していくことは極めて困難になるであろうといわれている。さらに，ヨーロッパ人類遺伝学会は，守秘義務に従い，得られた遺伝情報はクライエント本人にのみに利用されるべきもので，他に利用されることがあってはならない，そして別の家族が保険に加入しようとする場合は，新たに情報を取得するべきであるし，企業内部で家族に関する遺伝情報

のやり取りがないよう保障しなければならない，と述べている[47]。

　日本では，新生児マススクリーニングで発見されたフェニルケトン尿症，甲状腺機能低下症の患者が治療を受け，なんら健常者と変わらない生活をしているのに，生命保険の契約破棄などの差別を受けていたことが明らかになり，問題になった[48]。しかし，まだ一定の見解の提示や，法整備はなされてはいない。今後，必ず広く論議しなければならない課題である。

注

1) Laurie G : Genetic Privacy. Challenge to Medico-legal Norms. Cambridge University Press. Cambridge, 2002.
2) UNESCO : International Declaration on Human Genetics Data (Oct 8, 2003). http://www.unesco.org/ibc/
3) Beauchamp TL, Childress JF : Principles of Biomedical Ethics, 5th ed, Oxford University Press. 2001.
4) 松田一郎：生命医学倫理ノート——和の思想との対話，日本評論社，2004年。
5) Allen AL : Genetic Privacy : Emerging Concepts and Values. In "Genetic Secrets : Protecting privacy and confidentiality in the genetic era". Edited by Rothstein MA. Yale University Press, 1997, pp. 31-59.
6) Anderlik MR, Rothstein MR : Privacy and Confidentiality of Genetic Information : What rules for the new genetics. Ann Rev Genomics Human Genet 2 : 401-433, 2001.
7) Kantが「人倫の形而上学の基礎」で述べた「すべての人の人格に存在するところの人間性を，何時またいかなる場合にも，同時に目的として使用し，決して手段として使用してはならない」の言葉に従っている。
8) アメリカ大統領委員会：生命倫理総括レポート（厚生省医務局医事課監訳，篠原出版，東京，1990年)。
9) 臨床に直接に利用可能な検査結果（データ）という意味，本章のII(3)の「遺伝学的検査の特性」の項を参照。
10) Secretary's Advisory Committee on Genetic Testing (NIH) : Enhancing the Oversight of Genetic Test : Recommendations of the SACGT（遺伝学的検査に関する監視機構：保健衛生局長直属委員会勧告，松田一郎訳：http://jshg.jp/)．
11) 文部科学省，厚生労働省，経済産業省：ヒトゲノム・遺伝子解析研究に関する倫理指針(2001年3月)。
12) CIOMS : International Ethical Guidelines for Biomedical Research Involving

Human Subjects. 2002.
13) その遺伝子産物は酵素蛋白質なのか，または転写因子なのか；癌遺伝子なのか癌抑制遺伝子なのか；遺伝子変異がその疾患にほぼ共通して認められる common mutation なのか；もしくはそれぞれの家系で異なる遺伝子変異が見つかる private mutation なのか；など変異遺伝子が持つさまざまな性格を指す．同一の遺伝子変異がもたらす病状が患者により大きく異なる場合，その病状を修飾する別の遺伝子（修飾遺伝子）が存在することが推定され，それが実際に証明された疾患もある．
14) 遺伝子の変異部位，または変異型と臨床症状が一定の関係にあることで，例えば，酵素蛋白の機能部位の変異なら重症になるが，機能部位を外れた位置での変異なら軽症になる．この関係が明らかなら，遺伝子変異から疾患の予後を推定できる．
15) 集団（コミュニティ）を研究対象とした場合の保護対策として，Weijer らは，①研究を計画する段階で対象者（コミュニティ）を参加させる，②インフォームド・コンセントの取得，結果の開示はできるだけ face-to-face contact で説明する，③研究参加への何らかの保障を考慮する，④保存した検体を再度使用する場合は，改めてコンセントをとる，⑤結果の開示，出版に際して，コメントをもらう，内容に対して同意をもらう，などに検体提供者（コミュニティ）を参加させる，を提案している．Weijer C, Emanuel EJ: Protecting communities in biomedical research. Science 287: 1142-1144, 2000.

特に，異なる文化をもつコミュニティ（部族）を対象とした遺伝学的研究の場合は，慎重な対応（対話）が推奨されている．Tribal culture versus genetics. Nature 430: 489, 2004.
16) Fuller BP, Ellis Kahn MJ, Biesecker B, et al.: Privacy in genetic research. Science 285: 1359-1361, 1999.
17) 例えば，研究計画者は参加者からインフォームド・コンセントを取得して，個人情報（年齢，性別，臨床データ，家族歴，など研究に必要な情報）を採録し，それへのアクセスを厳重に管理する．検体には乱数表などを用いてナンバーリングして匿名化した後に，実働研究者に渡す．研究者には個人情報は明かされてないし，それへのアクセスも制限される．得られた研究結果（データ）は主任研究計画者に渡され，ここで個人情報と研究結果の照合が行われる．ところで，匿名化（anonymous）という場合も，demographic data（人口統計データ，年齢，性別，疾患名）についての記録は許される，といわれている．New York State Task Force on Life and Law: genetic Testing and Screening in the Age on Genomic Medicine. 2000, 198 page.
18) イギリス，アイスランド，エストニアではそれぞれ，医薬品開発とも関連して，Biobank の設立に関する法律 "Biobanks Act", "Human Genome Research Act" を制定している．アイスランドでは，assumed consent として，「臨床検査につかわれた血液サンプルを，本人からの拒否の申し出がない場合には永久に Biobank に保管し，それを研究に使用する」という，表現になっている．Biobanks Act (2001),

Human Gene Research Acts (Estonia 2001). In Society and Genetic Information —Codes and Laws in the Genetic Era. Edited by Sandor J, central European University Press. Budapest. 2001. pp. 249-263, pp. 349-356, pp. 357-373.

19) 例えばある集団でのある特定の変異遺伝子の頻度が高い場合や，その集団に属しているということを理由にして，遺伝子差別を受ける可能性もある。遺伝子多型に関する国際研究（ハプロマップ研究）では，欧州人，アジア（日本人を含む），アフリカ人の完全連結不可能なサンプルを使用しているが，インフォームド・コンセント取得の際の説明文に，「研究を進める中で，将来，ある遺伝子のバリエーションが日本人で他の地域の人たちよりも高頻度に認められることがあるかもしれません。非理論的なことですが，将来研究で明らかになる遺伝子情報を，偏見や他の悪質な理由から，異なるグループ間における違いを誇張するために恣意的に使おうとする人がいるかもしれません。生命医学研究は，基本的に偏見につながる根拠を検索する類のものではありません。しかし，差異は確かに存在します。研究結果を発表する場合，各研究者は，特定の民族的，地理的な情報に関して言及する際には，可能な限り注意深く表現するように努力することを望んでいます」，のように記載されている。The International HpMp Consortium. The International HpMp project. Nature 426：769-796, 2003.

20) Weijer C, Emanuel EJ：Protecting communities in biomedical research. Science 289：1142-1144, 2000.

21) 個人情報保護法では，原則として，情報収集の条件設定，情報収集目的の明確化，情報内容の正確性，情報利用の制限，利用に関しての安全保護，個人への情報開示の原則，責任の明確性，などが規定されている。第30条に「個人情報取扱業者は，本人から当該本人が識別される保有個人情報の開示（当該本人が識別される保有個人データが存在しないときにその旨を知らせることを含む。以下同じ）を基に得られたときは，本人に対し，制令でさだめる方法により，遅滞なく，当該保有個人データを開示しなければならない。ただし，開示することにより次の各号のいずれかに該当する場合は，その全部又は一部を開示しないことがある。［一］本人又は第三者の生命，身体，財産その他の権利利益を害するおそれがある場合，［二］当該個人情報取扱業者の業務の適正な実施に著しい支障を及ぼす恐れがある場合，［三］他の法令に違反することとなる場合」と述べられている。遺伝学研究という特別な状況下ではあるが，表1の1，2は個人情報保護法では第30条［一］の主旨に，3，4は［二］の主旨に相当すると考えていいだろう。

22) WHO/HGN/ETH：Review of Ethical Issues in Medical Genetics. 2001（遺伝医学における倫理問題の再検討），Proposed International Guidelines on Ethical Issues in Medical Genetics and Genetic Services. 1998（遺伝医学と遺伝サービスにおける倫理的諸問題に関して提案された国際ガイドライン）：松田一郎監修，福嶋義光編集，遺伝医学セミナー実行委員会（http://jshg.jp/）．

23) 遺伝医学関連学会：遺伝学的検査に関するガイドライン 2003 (http://jshg.jp/).
24) 遺伝学的検査の信頼性とは検査結果の再現性に関する確率であり，正当性とは既に企画された内容に新たにアクセスする意味があるかどうかの問題で，感度（sensitivity），特異度（specificity）が正当性判断の基本になる。感度は検査が真に罹患している人を同定できる確率，特異度は正確に健康な人（罹患していない人）を同定できる確率が関係する。これらのうち特に問題になるのは陽性の的中率で，これは検査結果が陽性の場合，実際に罹患する確率を示す。この陽性的中率は検査の正当性（感度，特異度）に左右されるだけでなく，検査対象となる集団の特徴，ライフタイム・リスク（60歳までに何％が発症するか），疾患に関与する遺伝子多型の頻度，その変異遺伝子を持っている場合の比較危険率（発症する人は正常の人の何倍か），が関連する。例えば，ヨーロッパの乳がんでは，ライフタイム・リスクが 10％の疾患で，それに関与する $BRCA\ 1$ 遺伝子多型の頻度が 0.12％で，比較危険率が 6.0 の場合，遺伝子検査での陽性者が実際に罹患する確率（陽性の的合率）は 59.6％ということになる。しかし，もし比較危険率が 4.0 なら陽性の適合率は 39.9％になる。検査陽性者の 40％しか発症しないのなら，遺伝子検査を受けることに意味をみいだせないという人もいるかもしれない。日本ではこうしたデータ・ベースの構築がまだ不十分である。Holtzman NA, Marteau TM: Will genetics revolutionize medicine. New Engl J Med. 343: 141-146, 2000.
25) 以前から医薬品の体内代謝の早い人，遅い人，また重症の副作用のある人，ない人がいることは知られていた。それについて，ようやく遺伝子レベルでの解明が進んでいるが，今後，実際にある遺伝子多型をもつ人の何％がそうした予期できない反応を示すのか（陽性の的中率），そのデータを構築しなければならない。Holtzman NA. Clinical Utility of Pharmacogenetics and Pharmacogenomics. in Pharmacogenomics. Social, Ethical, and Clinical Dimension. Ed by Rothstein MA. John Wiley & Sons, 2003 pp. 163-185, Lord PG, Papoian T: Genomics and drug toxity. Science 22: 575, 2004.
26) Wertz DC, Fanos J, Reilly PR: Genetic testing for children and adolescents: Who decide? JAMA. 21: 1994-272, 1994.
27) WHO の"遺伝医学と遺伝サービスにおける倫理的諸問題に関して提案された国際ガイドライン"では，「健康状態に直接関与しない検査結果，例えば配偶者が実父でない事実や X 染色体性遺伝病でない場合の性別については，弱い立場にある人を守るため，その国の法律で許されているなら，開示しなくてもいい」と述べられている。注 25 参照。
28) WHO のガイドラインでは，「もしカップルが子どもを持とうとする場合，将来子どものリスクの可能性について知るために遺伝情報を二人で共有しなければならない。医療従事者はそのことに関して当事者に留意させる道義的な義務（moral obligation）がある」と述べられている。注 25 参照。

29) 結婚を考えている相手に，自分の遺伝情報を伝えるべきであると考えている人と，相手から伝えられるべきとする人は，家族に遺伝病患者を抱える人の場合，それぞれ67.6％，67.4％で，ほぼ同数であった．一方，医療関係者，非医療関係者のいずれの場合も，この数値は，53.2％と64.2％，及び57.5％と69.9％とあきらかに乖離しており，この数値には推計学的に有意差がみとめられた．注4参照，pp. 87-90.
30) 遺伝学的検査に関するガイドライン（注23）のⅢ-6で，以下のように記されている．「検査結果は，被検者の同意を得て，血縁者に開示することができる．被検者の同意が得られない場合，以下の条件をすべて満たす場合に限り，被検者の検査結果を血縁者に開示することが可能である．但し，被検者の同意が得られない場合の開示の可否は，担当医師の判断のみによるのではなく，所轄の倫理委員会などの判断に委ねるべきである．
    (1) 被検者の診断結果が血縁者における重大な疾患の発症予防や治療に役立つ情報として利用できること
    (2) 開示することにより，その血縁者が被る重大な不利益を防止できると判断されること
    (3) 繰り返し被検者に説明しても，血縁者への開示に同意が得られないこと
    (4) 被検者の検査結果について，被検者の血縁者から開示の要望があること
    (5) 血縁者に開示しても，被検者が不当な差別を受けないと判断されること
    (6) 開示は，その疾患に限り，かつ血縁者の診断，予防，治療を目的すること」
31) American Society of Human Genetics/American College of Medical Genetics : Professional disclosure of familial genetic information. Am J Human Genet 62 : 474-483, 1998.
32) 家族性甲状腺髄様癌で死亡した女性患者の子どもが，3年後同じ癌に罹患し，「遺伝的なリスクについて説明しなかった」として母親の主治医を訴えた裁判で，アメリカ，フロリダ州最高裁判所は，「……しかしながら，医療情報の守秘義務に関する州法からいえば，子どもに直接そのリスクを告げなければならないとの理由を見つけることはできない．だが医師は，遺伝学的危険性を警告する義務をもつような状況下にあっては，いかなる場合も，そうした義務は患者に警告することで初めて達せられる」，と述べて，子どもの訴えを認めている．注4参照，pp. 122-124.
33) Townend DM : Who Owns Genetic Information? In Society and Genetic Information—Codes and Laws in the Genetic Era. Edited by Sandor J, Central European University Press. Budapest. 2003. pp. 125-144.
34) これまでに，*BRCA 1*, *BRCA 2* 乳がん遺伝子検査の特許権をもつアメリカの検査会社が，特許料を払わずに低額で検査したカナダの会社を訴えたとか，キャナバン病の遺伝子を単離した研究者が検査方法の特許を取得したことに患者団体が強い不満を訴えた，という情報もある．特許取得を視野に入れた研究なら，予めインフォームド・コンセントの段階で，「研究から生じる権利について：この研究の結果から特許

権,またはそれを基に経済的利益が生じる可能性がありますが,あなた個人がこの知的財産権を持つことはできないことをご了承ください」,のように言及するべきであろう。

　"人間を手術,治療または診断する方法"には特許を認めないとしていたのが,最近は再生医療については特許を認める方向にあるといわれている。2003年,"人間から採取したものを原材料とした医薬品(ワクチン,血液製剤),または医療機器(人工骨,培養皮膚)を製造するための方法は上記に該当しない"に改められた。つまり,これによると遺伝情報をもとに,その検査法を開発された場合,知的財産権としての特許が与えられることになる。

35) Reilly PR : Public Concern about Genetics, Ann Rev Genomics Human Genet. 1 : 485-506, 2000.
36) Davis D : Genetic research and communal narratives. Hasting Center Report. 34 : 40-49, 2004.
37) 松田一郎:アメリカにおける遺伝情報による雇用差別防止法の成立とその背景—遺伝学的検査が抱える新たな課題. Molecular Medicine 5 : 552-558, 2001.
38) Executive Order : To Prohibit Discrimination in Federal Employment Based on Genetic Information Feb. 2000.
39) Genetic Information Nondiscrimination Act of 2003 (S. 1053) http://www.senate.gov.
40) 遺伝サービスとは遺伝医学に関するヘルスサービスのことである。それには診断,及び治療目的で行われる遺伝情報へのアクセス,情報の取得,解釈のための遺伝学的検査,遺伝教育,遺伝カウンセリングが含まれる。
41) American with Disability Act of 1990 (斉藤明子訳:アメリカ障害者法,現代書館,1990年).
42) 遺伝モニタリングとは従業員由来の検体 (genetic material) について,就業後に獲得した遺伝的修飾 (acquired modification),例えば染色体損傷や遺伝子変異の発生率などを調査するための定期検査を意味する。この調査は,職場での有害物質への暴露を調査し,その影響に対応する目的で,また職場での粗悪な環境を改善する目的で,有害物質に暴露された職場での就業状態下で実施される。大統領令 1-301-(d)に「職場における有害物質の生物学的影響に関する遺伝モニタリングは以下のような状況のすべてが適合する場合に容認される」とされ,4条件が記されている;①従業員が了解の上,自由意思で,署名入りの承諾書を提出している,②従業員にはモニタリングがいつ終わるか,その時期が知らされる。そのとき,雇用主は遺伝情報を従業員が入手可能な状態にし,その方法を知らせる,③モニタリングは労働省,または州法から公布されている全ての法律 (例えば Occupational Safety and health Act : 1970) に準拠すること,④雇用主は,遺伝モニタリング・プログラムに関与する資格をもつヘルスケア専門家以外には,従業員の個人情報を開示しないという条件

下でのみ,遺伝モニタリングの結果を受け取れる,というものである.注37参照,遺伝情報非差別法(注39)でも同じように記載され,②の記載は従業員にはそれぞれ情報が伝えられる,という表現になっている.

43) 遺伝スクリーニングとはある特定の変異遺伝子について,その変異遺伝子をもっているかどうかについて,スクリーニングすることを指している.特定の職場とそこで働く人が罹りやすい疾患との関係は,ほこりの多い職場での α-1-トリプシン (PiZZ) と肺疾患の関係,ベリリウムを扱う職場での HLA-DPB1 の Glu 69 とベリリウムアレルギーの関係がよく知られている.しかしその場合でも,慎重に事を運ぶべきであるという見解が披瀝されている.Holtzman NE: Ethical aspect of genetic testing in the workplace. Community Genetics 6: 136-138, 2003.

44) British Medical Association: Human Genetics-Choice and Responsibility. Oxford University Press, Oxford. 1998. pp. 170-171.

45) The Human Genetics Advisory Commission: The Implications of Genetic Testing for Employment (July 1999).

46) European Society of Human Genetics: Genetic information and testing in insurance and employment (ヨーロッパ人類遺伝学会:保険と雇用における遺伝情報と遺伝学的検査,松田一郎仮訳,http://jshg.jp/).

47) オーストリア,デンマーク,フランス,ノルウェーではいかなる遺伝情報も保険加入に際して利用することを禁じている.オランダでは,3千万ギルダー,カナダでは10万ドルの保障額以下の場合は,保険契約に際して,遺伝情報を聴取することを禁止した.イギリスでは新規に10万ポンド以上の保険加入を求める者は,10の特定の遺伝学的検査(Huntington病,家族性腺腫性ポリポーシス,家族性乳ガン,筋ジストロフィー,多発性内分泌腺腫症,家族性アルツハイマー病,など)の検査結果をもし受けていれば,結果を開示することを義務づけるルールが定められた.

48) 蒔田芳男,羽田明:生命保険加入における遺伝情報の扱いに関する現状と問題点.日本マススクリーニング学会誌14:17-23, 2004.

第7章

医薬情報とビジネス

田中朋弘

はじめに

　本章の目的は，医薬情報とビジネスの関係を，情報とその取り扱いという観点から検討することにある。ただし本章で筆者は，何らかの直接的な意見を述べたり提言をしたりするよりは，いわば問題の切り分けとでも言うべき基礎的な作業を行うつもりである。そのためにここでは，ソリブジン事件を具体的な手がかりとして取りあげ，以下のような手順で議論を進めることにする。ソリブジン事件は，相互作用情報の不適切な取り扱いやインサイダー取引など，医薬ビジネスにおける情報とその取り扱いに関して，とりわけ考えるべきことが多いように思われるからである。

　そこでまずはじめに，ソリブジン事件の概要について，具体的な事実関係を概観する。そして，情報とその取り扱いという観点から生じる具体的問題を 4 つ検討する。第 1 は「相互作用情報の操作」であり，第 2 は「情報公開の遅れ」である。そして第 3 は「虚偽情報の提供」であり，第 4 は「インサイダー取引」である。加えて，相互作用情報に関する伝達と解釈の問題もとりあげる。

　次に，具体的な問題から一旦離れて，インサイダー取引について理論的な観点から検討を施す。基本的に本章は，インサイダー取引規制に賛成する方向で立論されているが，それにしても，なぜインサイダー取引が規制されるべきであるのかについては，論者によって必ずしも意見が一致しているわけではないからである。そこで，ムアによる 4 つの理論的な分類とそれらへの評価を検討した上で，再度具体的な文脈へ戻り，インサイダー取引規制における「重要事実」について検討する。

　最後の部分では，内部情報の取り扱いの問題を，組織的な観点と（組織内部の）個人的な観点から検討する。ソリブジン事件は，社会的にも重要な意味を持つ内部情報を，この両方の観点において不適切に取り扱ったという点に特徴がある。そして，そのような振舞いやそこから生じる責任の問題が，

繰り返される組織改編と改名によってどのように影響を受けるかについても考察する。

I. ソリブジン事件

(1) 事件の概要

日本商事は、ヤマサ醤油との共同開発で「ソリブジン」(商品名「ユースビル」)を製品化し、1993年7月に厚生省(当時)から製造承認を得た。そして9月3日から、日本商事とエーザイを通じて販売が開始された[1]。しかしこの帯状疱疹の治療薬は、フルオロウラシル系抗がん剤との相互作用で、重篤な血液障害などを引き起こす可能性があることが事前にわかっていた。確かに、「ユースビル」の添付文書には、このような併用を避けるようにという記載がないわけではなかったが、しかしそれは、一般的な使用上の注意として記載されたものであり、使用者に対する特別の禁忌とは受け取られなかった[2]。

販売開始後に最初の死亡者が出たのは、9月19日である。日本商事は、翌20日にその連絡を受け、27日には厚生省にその後の対応を相談している。しかし、厚生省の指導にもかかわらず、日本商事は準備した医師向けの注意文書を公表しなかった。そしてそれが結局自主的に配布されたのは、厚生省によって相互作用死に関する記者発表が行われた10月12日のことである。そして11月19日には、ソリブジンの回収が発表されることになった。結局、この相互作用によって23人が被害にあい、うち16人が死亡するという深刻な事態が引き起こされた[3]。

およそ1年後の1994年9月1日、日本商事は105日間の製造業務停止処分を受けることになる。ユースビルの販売自体は中止されたが、この薬の製造承認自体は結局取り消されていない。その後1998年10月に、日本商事は昭和薬品と合併しアズウェルとなり、この会社はさらに合併や分割を行い2004年10月にアルフレッサ・ファーマという会社になった。

表1[4)] ソリブジン事件略年表

1993年	7月2日	「ユースビル（ソリブジン）」の製造承認
	9月3日	日本商事とエーザイから「ユースビル」の販売開始
	9月19日	エーザイの販売ルートで，最初の相互作用死発生
	9月20日	日本商事に相互作用死の情報が伝わる
	9月27日	厚生省への報告（治験段階での相互作用死データや動物実験データについても報告）
	9月28日	厚生省から日本商事へ，（自主制作の）医師向け注意文書を配布するようにという指示
	10月6日	日本商事より厚生省へ，相互作用被害者がさらに2名でたことを報告（注意文書は未配布のまま）
	10月8日	中央薬事審議会の副作用調査会による「緊急安全性情報」の配布決定
	10月12日	厚生省による相互作用死の記者発表，日本商事による医師向けの注意文書（自主配布），製品の出荷（自主的）停止
	11月19日	日本商事，ユースビル（ソリブジン）の回収を発表
	11月24日	中央薬事審議会・副作用調査会の調査
1994年	9月1日	日本商事が105日間の製造業務停止処分を受ける
	10月14日	証券取引等監視委員会による日本商事関係者の告発（インサイダー取引容疑）
	12月20日	社員ら24人を大阪簡易裁判所に略式起訴（8人は不起訴），開業医を在宅のまま起訴
1996年	5月24日	大阪地裁で開業医への有罪判決（罰金30万円）
1997年	10月24日	大阪高裁で，一審判決破棄（大阪地裁への差し戻し）
1997年	12月5日	大阪高等検察庁による最高裁への上告が受理される
1999年	2月16日	最高裁で二審判決破棄（大阪高裁への差し戻し）
2001年	3月17日	大阪高裁で控訴棄却（一審の大阪地裁の判決を支持）

(2) **相互作用情報の取り扱い**

この事件では，相互作用情報の取り扱いに関して，まず4つの問題が挙げられる。第1の問題は，「相互作用情報の操作」すなわち，製造承認を受ける前の相互作用データの恣意的な取り扱いである。第2の問題は，「情報公開の遅れ」である。そして第3の問題は「虚偽情報の提供」であり，第4の問題は「インサイダー取引」である。まずはじめに，第1の問題について検

討しよう。

　日本商事は，治験の第三相試験開始直前（1988年11月）に，ソリブジンと類似構造をもつ抗ウィルス薬がフルオロウラシル系の抗がん剤と相互作用を持つ危険性について，ベルギーの研究者による動物実験の結果から既に情報を持っていたと考えられている。そして彼らは，その後の2つの動物実験によって，ソリブジンにおいても同様の相互作用を確認（1989年3月～7月）していた[5]。しかしそのような相互作用の情報は，他の治験医には報告されず，結局，治験の段階（1987年12月～1988年10月）で3人が死亡するに至った。さらに日本商事は，これらの死亡事例に関してソリブジンと抗がん剤の因果関係は不明としたまま，相互作用症例の少ないデータを提出して製造承認を得た[6]。

　治験段階でのデータの取り扱いについては，一方では製薬企業の不正行為問題が，他方では臨床治験のチェック機能の問題が考えられる。つまり，薬の製造承認をめぐって，企業側ではデータ改ざんや捏造が頻繁に行われ，審査する側ではそれをチェックする機能が十分に働いていない，という事情があった。これまでにも，製造承認をめぐるこうした双方向的な問題が，薬害発生の大きな原因になっているという指摘[7]がしばしばなされてきたが，ソリブジン事件ではそれが端的な形で現れたと言える。そこで厚生省（当時）は，1997年3月に，「医薬品の臨床試験の実施の基準（Good Clinical Practice, GCP）」を「省令」として制定することになった。「省令」とは，各省の大臣が行政事務に関して発する命令で，行政立法の一つである。

　この省令化された新しいGCP以前には，「医薬品の臨床試験の実施に関する基準」（1989）という基準があり，これもGCPと呼ばれていた。この旧GCPは，厚生省の「通達」に基づくもので，省令のような法的強制力は持たなかった。「通達」とは，行政機関が下位の所属機関などに対して示す職務運営上の指示のことである。こうして，GCPが「省令」化されることによって，製薬企業や，医療機関，医師などには，臨床試験に関するさまざまな手続き上の法的義務が生まれた。

申請された薬は,「薬事・食品衛生審議会(旧「中央薬事審議会」)」という厚生労働省の諮問機関で審議され,製造・販売が「承認」される。しかし,1997年のGCPの省令化までは,仮に「中央薬事審議会」で審査される申請書において,データに関する不正があっても,それ自体が問題になりにくかったという事情がある。なぜなら,そのデータに関する取り決めである旧GCPが,未だ法的拘束力を持たなかったからである。

相互作用情報の取り扱いに関する第2の問題は,「情報公開の遅れ」である。販売開始後,最初の死亡者が出た段階で,厚生省は日本商事が自主的に作成した注意文書の配布を指示した(1993年9月28日)[8]。しかし日本商事は,すぐにはそれに従わなかった。結局,この注意文書が配布されたのは,そのおよそ2週間後に,厚生省の記者発表が行われた10月12日のことである。しかも,それに先立つ10月8日には,中央薬事審議会の副作用調査会によって,「緊急安全性情報」の配布が決定されていた。被害者23人(死者16人)のうち,11人(死者7人)は,厚生省の最初の指示が出た後に投薬された患者である[9]。

このような状況は,既に見直しが進んでいる。まず,1996年の「薬事法」改正によって,副作用などの報告が製薬企業の法的義務になった。さらに2003年からは,このような義務は医療機関にも拡大された。また1995年から施行されている「製造物責任法」によれば,血液製剤などを含む医薬品も,この法律でいう「製造物」に含まれることになった。「製造物責任法」の特徴は,重大な副作用を含む「欠陥」についての規定,「警告」の義務および「開発危険の抗弁」(開発時に,当時の知見では当該の「欠陥」を予測できなかった場合の免責)である[10]。

相互作用情報の取り扱いに関する第3の問題は,「虚偽情報の提供」である。ソリブジンが発売される前に行われた日本商事の社員研修では,内部資料に相互作用による死亡の危険性についての記述があり,その危険性について医師に説明するようにという指示が行われていた[11]。しかし他方で,日本商事の社員は,1993年9月29日の都内病院からの問い合わせに対して,相

互作用による死亡例がないという虚偽情報を伝えていた。実際にはこの段階で，日本商事には，治験での 3 人の死亡例だけでなく，販売開始後最初の死亡情報も既にあった[12]。このような対応が，組織的な隠蔽行為であったのか，それとも個人的な対応であったのかについては，不明である。しかし仮に個人的な対応であったとしても，このような事態が起きるということは，少なくとも，医薬品をめぐる重要情報が組織的に一貫して管理されていなかったという問題を示唆することになる。

こうした事情が，先述の諸改革によって改善されたかどうかは，今なお怪しい。「薬害 C 型肝炎事件」（2002 年 10 月提訴）では，三菱ウェルファーマが虚偽情報提供の疑いをもたれている。福岡市内の病院が血液製剤・フィブリノゲンの納入実績に関して再三問い合わせをしたのに対して，三菱ウェルファーマは，誤った情報を提供し続けていた。この病院に対して三菱ウェルファーマは，一貫して納入実績が「ない」と答えていたが，厚生労働省が納入実績に関するデータを一般公開することを決めた直後に，情報に「誤り」があったと病院側に伝えてきたという[13]。これが本当に，過失に基づく「誤り」であったのか，それとも何らかの意図が働いた「誤り」であったのかは，即座には判断できない[14]。しかし，少なくともそのような「誤り」がなぜ生じたのかを説明しなければ，それが過失に基づく「誤り」であり，それゆえその責任が軽減される，ということにはならないだろう。

第 4 の問題は，この事件で，社員らによる大規模なインサイダー取引が行われたという点である。日本商事の社内調査（社員による自己申告）によれば，相談役（元副社長），社員，家族，パートなど 175 人が，ソリブジンの販売開始後に最初の死亡例が確認された時点（1993 年 9 月 20 日）から，厚生省の記者発表（1993 年 10 月 12 日）までの間に，自社株を売却していたという[15]。さらに，ソリブジンの販売を担当していたエーザイの社員や家族ら約 10 人も，厚生省の発表直前に，日本商事株を売却していた[16]。1994 年 10 月 14 日に，証券取引等監視委員会は，日本商事の元役員ら 32 人（エーザイの社員なども含まれる）を，証券取引法違反（インサイダー取引）の疑いで大

阪地検特捜部に告発した。同地裁は，24人に罰金20〜50万円の略式命令をだしたが，元副社長などの8人は不起訴となった（1994年10月20日）[17]。さらに，厚生省の記者発表直前に日本商事の株を空売りした医師も在宅のまま起訴され，その後有罪判決を受けた[18]。

(3) 相互作用情報の伝達と解釈

相互作用情報の公開が遅れ被害が拡大したことに関しては，日本商事がまず責任を負うべきであることは間違いない。しかし他方で，医師の中には，注意文書が出た後も数日にわたって投薬を続けたものがあり，それも被害が拡大する一因となった[19]。このような事態は，危険情報がそもそも伝わっていないという「情報の伝達」問題と，そのような情報を不適切に過小評価する[20]という「情報の解釈」問題から生じていると言える。たとえば，前者の「情報の伝達」問題では，ある情報を「知らなかった」ということとそこから生じる責任の関係は，一見するほど簡単な問題ではない[21]。何かをしなかったことの責任が問われる場合，そのことを「知っていた」かどうかがまず問題になるが，そもそも普通の手段で知ることができないことを「知らないこと」と，過度の過失や不注意，あるいは意図的に「知ろうとしないこと」によって「知らないこと」には，一般に異なる評価が与えられる。しかし実際にそれらを外的に区別することは，そう容易ではない。また，後者の「情報の解釈」の問題も，ある情報に対する特定の評価とそのような評価を下すことの責任との関係は，常にそれほど明確なわけではない。つまり，ある情報を知っていることとその情報に対する評価（およびその評価の責任）もまた，判定が難しいということである。

ただ，ここで問題にしている情報は，専門職が取り扱うべき専門的情報である。それゆえ，特定の専門的情報を知ること，およびそれに対して一定の評価を下すことに関しては，それ自体で，ある程度の責任が要求されてしかるべきであろう。なぜなら，専門職の専門職たる所以は，まさにそのような専門的な知識や情報の所持や運用にあるからである。確かに，情報に関する

評価の統一が難しい場合も想定されうるが、しかしそれがある程度可能でなければ、そもそも「専門性」は維持できないはずである。

II. インサイダー取引の倫理性

(1) インサイダー取引とは何か

「インサイダー取引」とは、特定の組織と関わりを持つものが、その非公開の重要情報を利用して行う株取引を意味する。日本においてこの行為は、「証券取引法」によって、1989年から法的に規制されている。1992年7月からは、「証券取引等監視委員会」が証券市場の監視や摘発を行い、違法行為には、3年以下の懲役、または300万円以下の罰金または併科が科せられる。インサイダー取引が法的規制の対象となる理由のうち最も一般的かつ基本的なものは、それが株式市場の公正性を損うということである。インサイダーは内部者にしか知りえない情報を基に株取引を行い、外部の一般株主は、それよりも少ない情報に基づいて株取引を行わなければならないからである。

ただ、日本はもちろん、アメリカでも、インサイダー取引規制が厳しくなったのはそう古いことではない。そして、そもそもなぜインサイダー取引が規制されるべきなのかという点については、法的に規制されるべきだという一応の社会的合意とは別に、必ずしも議論に決着がついているわけではない。たとえば、インサイダー取引規制を緩和するべきだという主張は、インサイダー取引が市場の効率を高めるということを根拠にしたり、それが株価を、本当の価値（値段）に近づける働きをするというような、一種の「有効性」を論拠にすることがある。このような主張は、基本的に経済的な観点からのみ語られるもので、後で検討するようにインサイダー取引規制に賛成する立場の類型からすれば、いわば、（有害論の反対としての）「有効論」とでも呼べるものである[22]。

(2) インサイダー取引の倫理性をめぐる議論

　ここでは，インサイダー取引の倫理性について，ムア（Jennifer Moore）による4つの議論を検討する。ムアは，従来論じられてきたインサイダー取引規制の論拠を3種類（「公正論」，「情報所有権論」，「有害論」）とりあげ，それらを批判的に検討した後，さらに「信任関係（fiduciary relationship）論」を最終的な根拠として提案する。彼女の分類と検討はインサイダー取引の問題を考える上で，明快なスタート地点となるように思われるので，以下にそれらを概観しておく。

　「公正論」[23]とは，基本的に，株取引における競争条件の不平等性が問題視される議論である。ムアは公正論を，「情報の平等性」と「情報アクセスの平等性」という2つの観点から検討する。まず，「情報の平等性」という観点からの公正論は，文字通り情報そのものの不平等が存在する（すべての）取引を不正だと見なすことになる。しかしムアによれば，自由市場においては，取引相手に対する情報の意図的な操作（嘘や誤情報の伝達など）が規制されることはあっても，すべての情報が常に完全に公開されなければならないというわけではない。

　他方，「情報アクセスの平等性」という観点では，情報そのものではなく，特定の情報へのアクセスが不平等であることが問題視される。インサイダー情報は，そもそも一般の投資家にはアクセス不可能な情報だからである。この議論は，インサイダー取引が規制される場合の理由づけとしては，比較的一般に受け入れられたものであると思われる。しかしムアは，情報アクセスの不平等を，特定情報を得るためのコスト問題という観点からすれば，絶対的な差異ではなく相対的な差異だと考える。それゆえそれを，インサイダー取引規制の根拠とすることに関しては，異論を呈している。確かに，問題を商取引全般に拡大してみると，情報アクセスの不平等は，必ずしも不正だと見なされているわけではない。むしろ，企業情報には多くの機密情報があり，それへの特権的な情報アクセスおよびそれに基づく排他的な利益の獲得は，正当な権利と見なされている。

「情報所有権論」[24]とは，情報の所有権を認め，その独占的な使用を認める立場からして，インサイダー取引を盗みの一種（情報の横領）と見なす考え方である。確かにわたしたちは，特定の情報には所有権を認め，その独占的な使用を認める形で市場取引を行っている。また株取引だけにとどまらず，企業の内部情報を業務以外の目的で流用し，私的な利益のために用いることは不正であると見なされる。ムアは，情報所有権論を根本的に否定しているわけではないように思われるが，しかし，それを根拠にすべてのインサイダー取引を規制することは難しいと考える。なぜなら，それを認めるとすれば，所有権を持つものがインサイダー取引を認めるのであれば，それは規制の対象にはならないことになるからである。つまり論点は，一般的なそれから，個別的な対応や契約のそれへと移行することになる。

「有害論」[25]には，2つの種類がある。第1の有害論は，一般の投資家に対する危害をベースにしたものであり，第2は，市場への信頼に対する危害をベースにしたものである。第1の有害論に対するムアの反論は次のようなものである。インサイダー取引は，常に有害なわけでも，常に無害なわけでもない。むしろ問題は，インサイダー取引には，だれが被害者でどの程度の被害があるのか明確にしにくい構造がある，という点にある。帰結主義的な観点から，インサイダー取引という行為の結果の善し悪しを問題にしようとする場合，少なくとも経済的な利害という点においては，ムアが指摘するような問題が生じる。第2の有害論は，第1の有害論のような直接的な経済的利害を問題にしない。それが問題にしているのは，投資家の株式市場への信頼が損なわれ，市場での株取引自体が減衰するという危害である。ムアは，このような危害（の恐れ）が，一般投資家の感情や感覚に訴えていることは認めるが，そもそも，そのような感情や感覚を抱くことが正当であるか否かが検証されていないので，議論としては弱いと批判する。

以上のように，ムアはインサイダー取引に関する従来の議論を否定的に論じるが，だからといって，インサイダー取引規制には根拠がないので，規制を緩和するべきだと主張しているわけではない。彼女は基本的に，インサイ

ダー取引の規制を妥当であると考えるが、従来の議論が論拠としてはいずれも弱いと主張しているのである。ムアは最終的に、「信任関係論」[26] を最も説得力がある議論と考える。信任関係論とは、インサイダー取引が信任関係を脅かすので規制されるべきだと考える立場である。

信任関係とは、「ある者が他の者の利益のために行為するような、信用や信頼の関係」[27] であり、「信任された者は、たとえじぶん自身の利益と一致しなくても、依頼者の利益のために行為することを義務づけられている」[28] と考えられる。ムアは、このような信任関係は、社会的活動全般において協同のために必要とされる関係であり、その意味で信任関係が維持されることには、社会全体が利害を持つと考える。インサイダー取引は、特定の信任関係を毀損すると同時に、社会全体における信任関係の存立そのものを脅かすが故に、規制されるべきだということである。信任関係論は、第2の有害論（市場への信頼に対する危害をベースとした有害論）と似ているようにも見えるが、前者の方が後者よりも、より根本的な信頼関係を問題にしている点が異なっている。

ムアの議論は、一定の説得力を持っているように思われるが、たとえば、信任関係自体が結局は経済性に基づくのだから、仮にインサイダー取引が株主の利益を増大させるのであれば、彼らはそれに反対しないはずだという主旨の批判もある[29]。しかしこのような批判は、信任関係を意図的に狭く解釈している点に問題がある。信任関係は、確かに依頼者の経済的な利益の増大を目的とするが、それは、そのためならば手段を選ばないような関係ではないからである。

インサイダー取引の問題を考える場合、ムアの指摘するように、帰結主義的な「有害論」の立場をとると、有害性の判断が難しいという事態に陥る。インサイダー取引によって生じる「危害」は、株主の経済的利益や市場への信頼ということだが、とりわけ前者に関しては評価が分かれることは確かだからである。ただ、ムアの「公正論」批判に関しては異論がないわけではない。彼女の批判の要点は、「情報の平等」にせよ、「情報アクセスの平等」に

せよ，ビジネスの世界では完全な平等は存在せず，むしろ社会は，それらの特権的な所有やアクセスが排他的利益を生み出すことを認めているということにある。この事実を否定すれば，すべての内部情報は必ず公開されなければならなくなり，新しいものを生み出す知識や情報への情熱は衰退することになるだろう。

　なるほど，わたしたちの社会は，特定の情報から私的な利益を得ることを既に認めている。しかし，すべての情報に関して無条件にそうであるというわけではない。つまり社会的には，未公開情報から無条件の利益を得ることが許容されているわけでも，すべての情報を公開し平等にすることが要請されているわけでもない。それゆえインサイダー取引では，（ムアが批判するように）情報や情報アクセスの絶対的な不平等が問題とされているのではなく，むしろ，いわば限定的で相対的な不平等（あるいは不均衡）が問題とされていると考えるべきではないか。

　それが問題にしているのはおそらく，株取引に限らず商取引一般において前提されている立場である。すなわち，売り手と買い手の側が，自律的に相手と売買の契約を結ぶというモデルがそれである。このようなモデルでは，お互いが必要な情報を十分に提供しあった上で，自律的な判断に基づいて契約に同意をする。このような一種の「インフォームド・コンセント」原則を損なうような事態が生じた場合，その契約は不正であるとか，不適切であると考えられることになる。インサイダー取引によって生じる事態は，まさにこのような事例である。このように考えると，情報や情報アクセスの平等という観点からする公正論が本来訴えたかったことは，いわば売り手や買い手の「自律性」が毀損されるということではないかと思われる。この「自律性」という観点からの公正論は，信任関係論と並んで，インサイダー取引を規制する一つの根拠となりうるのではないだろうか。

(3)　ネガティブな情報と「重要事実」

　インサイダー取引一般に関する議論から，再度，ソリブジン事件の文脈に

翻って考えてみよう。事件当初，この事件の関係者は，ソリブジンの相互作用情報がそもそもインサイダー取引規制でいうところの「重要事実」に相当するか否か，疑問を呈していた[30]。証券取引法では，相互作用情報そのものを「重要事実」とする直接的規定がなく，それまでのところ，緊急安全性情報によって株価が大きく変動した例もなかったという理由からである。このような認識は必ずしも特殊なものでもなく，当時，業界団体としても統一した見解はなかったようである。

ソリブジン事件では結局，「当該会社の運営，業務又は財産に関する重要な事実であって投資者の投資判断に著しい影響を及ぼすもの」（証券取引法第166条2項4号）という，いわゆる「バスケット条項」[31]が適用され，判決の決め手となった。株価は，ソリブジンが発売された年（1993年）初めに2,000円台前半だったものが，発売前の6月末には3,000円台に乗り[32]，厚生省の発表直前には3,400〜3,500円台を維持していた。しかし，この発表の10分後に大阪証券取引所によって取引が停止された時には，株価は3,150円にまで落ち，取引が再開された翌日の13日には，更に急落し2,660円のストップ安となった[33]。このような株の値動きからみても，ソリブジンの相互作用情報は，結果的にも，投資家の投資判断に著しい影響を与えたといってよいだろう。

しかし，相互作用情報一般がインサイダー取引規制における「重要事実」にあたるか否かについては，いまだ議論の余地があるように思われる。なぜなら，法的にも，すべてのインサイダー情報が直ちに「重要事実」であるわけではなく，その影響の度合いなどに鑑みて，さまざまな留保がつけられているからである。1995年2月には，ソリブジン事件を受けて，日本製薬工業協会がインサイダー取引に関するガイドラインを作成している[34]。

III. 医薬情報とビジネス

(1) 組織とビジネス

　株式市場に影響を与える内部情報は，株価を上昇させるようなポジティブな情報と，株価を下落させるようなネガティブな情報に分けられる。ただしこの区別は，当該の情報が株価に対して与える影響から分けられるものではなく，その情報が社会に与える影響に基づくものである。株価の上昇や下落は，そのような社会的影響に伴って生じるものだと考えるべきである。そして，ソリブジン事件における非公開の内部情報とは，この薬の相互作用情報であった。

　この非公開の相互作用情報は，ソリブジンが発売される前には，それが「公開されないこと」によって株価の上昇を支える働きをしたと言える。つまり，たとえば治験や発売前の段階で，相互作用による死亡情報が正しく報告・公開されていれば，それは株価に対して別の影響を与えていたと考えられるからである。

　この事件で法的に問題にされた（インサイダー取引規制における）「重要事実」とは，基本的にはソリブジンの販売開始後の相互作用死に関する情報のことである。しかし上述のように，（インサイダー取引規制の法解釈から離れて）株価に影響を与えたという事実をもう少し大きなスパンで眺めれば，そもそもそれは治験の段階から始まっていると言えるのではないか。なぜなら，相互作用情報を過小評価して取り扱うことによって製造承認は得られ，ソリブジンが発売開始されることによって，株価は結果的に以前より著しく上昇したからである。日本商事の行動が株価操作を意図して行われたものであるとまでは言わないにしても，少なくともそこには，商品の販売において自らに不利な情報を開示しないということの倫理的問題が残されている。

　ただし，相互作用情報の取り扱いが日本商事の組織的行為であるのに対

し，インサイダー取引は個別の社員が行った個人的行為であるという点は，区別して考えなければならないだろう。そしてそれぞれの行為の責任は，まずは，そのような事情に応じて科せられる。しかるのちに，この事件で大量のインサイダー取引が発生したことに関しては，組織としての管理責任も問われることになる。

　ソリブジン事件を，大量なインサイダー取引の問題に力点を置いて考える場合，このような倫理的問題の絡み合いが見逃されるおそれがある。先述した「相互作用情報の操作」，「情報公開の遅れ」，「虚偽の情報の提供」だけにとどまらず，「添付文書における相互作用情報の記述方法」，「注意文書の公開に関して厚生省の指示に従わなかった理由」など，社会的に説明されないままになっていることは未だ少なくない。インサイダー取引の問題は，このような問題群の一角をなしているが，しかしその法的決着によって，ソリブジン事件が提起する問題のすべてが解決されるわけではない。

(2) 個人とビジネス

　相互作用情報をどのように取り扱うかということは，まずは日本商事という組織の組織的決定事項であったとして，そこで働くものの個人的な責任はどのように考えられるべきだろうか。相互作用死に関する情報を知った170人以上の従業員が，損失を回避するためにインサイダー取引に走ったという行為は，この会社の被雇用者の個人的な責任にかかわる。この行為は明らかに，ムアが言うところの，企業の被雇用者による株主に対する「信任責任」に反している。彼らのインサイダー取引は，会社の利益，ひいては株主の利益のためではなく，単純にじぶんの利益の確保を目指して行われたからである。日本商事の株を所有する一般の株主は，厚生省による相互作用死情報の公開によって乱降下する株価を事前には想定できなかったであろう。

　仮に，実際に行われたインサイダー取引そのものによって株価が下落したわけではなく，また（ムアが例示[35]したように）指値売りの指定を行っていた株主が損失を比較的軽微に抑えることがありうるとしても，日本商事の

社員らが未公開情報に基づいてじぶんの株を取り引きするとき，彼らは株主に対する信任責任に背いた行為を行っていたことは確かであり，一般株主の取引における自律性を毀損している。そこで彼らは，会社の従業員や関係者であるからこそ得られたはずの内部情報を，従業員の責任を脇に追いやって私的に流用してしまったのである。

　組織の目的合理性が個人としての組織のメンバーの倫理観を押しつぶしてしまい，組織的に反社会的な行動をとることが，ビジネス倫理学ではしばしば問題となる。しかし，インサイダー取引の例からも分かるように，ビジネスと倫理の問題は，当然ながら組織を構成する従業員の側からも発生する。それは，特定の逸脱した個人によって引き起こされることもあれば，組織自体がその構成員たちに対してそのような振る舞いを許容するような空気を醸成している場合もあるだろう。日本商事の場合は，その両方が含まれていたように思われる。組織のメンバーは，組織から強制される反社会的な行動に従う必要はないが，同時に，組織の適正な目的に背いて私的な利益を追求することが許されるわけでもない。

　企業の従業員には一般に，仕事に関する情報を秘匿すべき義務（守秘義務）がある。インサイダー取引のように，私的な利益のためにそのような情報を使うことが禁じられるだけでなく，そもそもそのような情報は秘匿されることが基本なのである。公正な市場競争において，情報の優位性から利益を得ることが認められている以上，守秘義務は基本的な義務として守られなければならない。それゆえインサイダー取引以外の行為であっても，職務上知り得た情報を用いて私的利益を追求することは，守秘義務違反に問われるか，信任義務違反に問われる可能性が高い[36]。

　しかし他方で，内部告発のように，内部情報に関する守秘義務が度外視される事例もある。インサイダー取引が，内部情報の私的使用（流用）であるとすれば，内部告発はいわば，内部情報の公的使用（流用）だということができる。これらは，内部情報をめぐって相反する2つの道である。ソリブジン事件に即して考えるなら，相互作用情報を知った社員には，いくつかの選

択肢があったはずである。

　第1は，会社の指示通りに情報を秘匿し，会社の指示通りに公開する，という方向がそれである。仮にこの事件で，インサイダー取引が行われなかったとしたら，ほとんどの社員はこの方向で行為したはずである。また，インサイダー取引を行った社員以外は，実際にこれを選んだことになる。少なくとも，相互作用情報を組織的に隠蔽しようとしたわけではないとすれば，情報管理のまずさを問われるのは，個別の社員というよりは，日本商事という組織の側だということになる。

　第2は，一方で会社の指示通りに情報を秘匿しながら，他方でその情報を私的に流用しインサイダー取引を行うという選択肢である。ソリブジン事件の場合，本来ならば社内的にもアクセスが制限されるべき情報の伝達範囲と，インサイダー取引を行った社員の多さという点で群を抜いていた。

　第3は，相互作用死に関する内部情報を，会社が公開する前に，個人的に公開する（内部告発する）という選択肢である。株取引における「重要情報」ではなく，社会的な意味での「重要情報」という観点から言えば，販売開始後に相互作用死症例が出た最初期の段階から，厚生省の記者発表までの間にそれが公開されていれば，事態は異なった展開を見せたかもしれないとは言えるだろう。

　しかしだからと言って，この事件で内部告発がなされるべきであったと即断することはできない。そもそも一般的にみても，内部告発を強い義務であると判断する条件はかなり厳しいものである[37]。また，日本商事が注意文書を自主的に準備し，厚生省に相談したことから判断しても，内部者は当時，内部告発を行う義務も必要性も感じなかったのではないかと推察されるからである。むしろ事態は，――もともと治験の段階から相互作用情報を恣意的に操作していたという問題を置くとすれば――発売開始後の相互作用死情報によって即断されるべき「緊急事態」に，きちんと反応できなかったということではないだろうか。

　そしてそれは，一方では商品に不利な情報はできるだけそっと伝えたいと

いう意識によって，他方では，医師に対する責任の押しつけ（特定の薬剤と「併用」さえしなければ大丈夫であり，それを判断するのも医師の側だというような意識）によって倍増させられたのではないか。後者はとりわけ，医療専門職の道徳的自律性に対する一種のフリーライド問題として考えられるべき事柄である。専門職には一般に，仕事に応じた自己裁量権が与えられるが，それと同時にその人たちには高い道徳的自律性が要求される。またその仕事は，単なる利益追求ではなく，公益の促進をめざすことになっている[38]。医療行為が行われる空間は，基本的にそのようなものとしてしつらえられているはずだが，製薬企業の利己主義的行動は，そのような前提条件にただ乗り（より正確には，その濫用）していると言えるからである。

(3) 医薬情報とビジネス——組織の改編と「名前を変えること」——

　製薬企業における内部情報とその取り扱いの問題は，さらにわたしたちを，製薬企業の存在様式を問うことへと導く。薬害問題などを検討しようとすればすぐに気づくことだが，製薬企業は激しいスピードで合併や分裂を繰り返している。本章の冒頭でも確認したように，ソリブジン事件の当事者であった「日本商事」は既にそのままの形では存在せず，そのほかの薬害事件などでも事情は同じである。

　合併や分裂が繰り返されるということは，責任を問おうとしても，問うべき相手が存在しなくなるということを意味する。そしてたいていの場合それには，その都度「名前を変えること」が伴っている。文字通り，名実ともに相手が消失するのである。しかし，厳密には多くの場合，完全に元の会社が消えることは少ないので，相手方が「希薄化する」とでも言うべきかもしれない。ビジネス倫理学上の問題のひとつに，そもそも企業という形式的存在が，ふつうの人間と同じように道徳的責任を引き受けられるかという問いがあるが，ここではさらに進んで，そもそもある存在が，同一の存在として継続して責任を引き受けるとはどういうことか，という問題がつきつけられている。

一般的にわたしたちが，個人のレベルで行為とその責任について考えようとする場合，行為主体は実体的存在であり，そうした主体は，固有名によって名指しされるような存在として考えられている。そうでなければそもそも相手を，道徳的な責任を負うことができる対象と認められないからである。たとえばフレンチ（P. A. French）は，企業のような組織的存在も同様な特徴を持つとみなし，それゆえ道徳的主体であると考える[39]が，そうすると形式的組織が持つ上記のような特徴が問題になる。すなわち，仮に組織的存在が責任を負うことが可能であると考えるとしても，そのような組織的存在がかくも離合集散を繰り返し，もはや元の形がよく判らないような組織に改編され，しかも名前も異なっている場合，そもそも誰を名宛人にすればよいのか分からなくなるのだ。たとえば，本章冒頭でも確認したように，日本商事は1998年10月に昭和薬品と合併し，アズウェルとなった。この会社はさらに複数回の合併や経営統合を行い，2004年10月には，製造事業はアルフレッサ・ファーマに，卸事業はアルフレッサに分社化された。うがった見方をすれば，このような習慣化された組織改編は，まさに――意図的かどうかは別として――責任を希薄化させるシステムとして機能しているのではないか[40]。

おわりに

　本章で筆者は，医薬情報の取り扱いに関して，ビジネス主体としての製薬企業という観点から，ソリブジン事件を手がかりに問題の切り分け作業を行った。そもそも，いわゆる医療用薬の領域は，一般人には日常的に馴染みの薄いものであり，何が問題なのかさえ明確ではない場合も多いように思われるからである。このような領域における倫理的問題が明確な形で浮上するようになったのは，繰り返される薬害事件を通じてのことであり，それも比較的最近のことである。確かにわたしたちは，医療機関で薬を処方してもらうが，医薬分業化が進む前までは，そもそもじぶんがもらった薬が何なのか

も，よく分からないことが少なくなかった。

ソリブジン事件は，一方では相互作用情報の不正な取り扱いという組織的な倫理問題が，他方では，それを私的に流用するという（インサイダー取引による）個人的な倫理問題が，時を同じくして起きたところに特徴がある。しかし後者に関しては，インサイダー取引にかかわった社員の数の多さをみれば，それが単なる個人的なふるまいの問題だけにとどまらず，組織としての管理体制の問題でもあることが明らかになる。確かに，インサイダー取引そのものが相互作用症例を増加させたわけではないが，それらは，相互作用情報を不正に取り扱い，不適切な対応を続けることから多数の相互作用死を生み出した事態と，結局は同じ基盤に基づいている。つまり，組織としては，自らの所属する集団の短期的な利益だけを目指し，個人としては，じぶんの目前の利害だけに終始したということである。企業によるこのような極端な利己主義的行動様式は，ビジネス倫理学一般でも問題となるが，ソリブジン事件のような事例ではそれが，専門職倫理が維持されなければならないはずの医療の領域において展開されていることに注目すべきである。そして，そのような問題点が，ソリブジン事件のように突出した事件の発生によらなければ見えにくいという点にも，注意を払わなければならないだろう。それは，氷山の一角であるかもしれないからである。

注

1) 朝日新聞, 1994年6月18日, 35頁 (朝日新聞とアエラの記事はすべて, 朝日新聞の記事データ・ベース[聞蔵DNA for Libraries]を利用した)。
2) 朝日新聞, 1993年11月25日, 31頁。
3) 朝日新聞, 1993年11月25日, 1頁。
4) 以下の新聞情報などから筆者が作成した。朝日新聞, 1994年7月28日, 31頁, 朝日新聞, 1994年6月21日, 27頁, 朝日新聞, 1996年5月25日, 35頁, 朝日新聞, 1997年10月25日, 30頁, 朝日新聞, 1997年12月6日, 29頁, 朝日新聞, 1999年2月16日, 1頁, 朝日新聞, 2001年3月17日, 34頁。
5) 朝日新聞, 1994年6月24日, 4頁。

6) 朝日新聞, 1994年6月17日, 1頁.
7) 浜六郎『薬害はなぜなくならないか』日本評論社, 1996年の第5章および第7章に詳しい.
8) 朝日新聞, 1994年7月28日, 31頁.
9) 朝日新聞, 1994年7月28日, 31頁.
10) 小林秀之『新版 製造物責任法——その論点と対策』中央経済社, 1995年を参照のこと.
11) 朝日新聞, 1993年11月27日, 26頁.
12) 朝日新聞, 1994年7月3日, 1頁.
13) 朝日新聞, 2004年10月19日, 38頁.
14) 田中朋弘「ビジネス, 知識, 情報そして倫理」(石崎・山内・石田編『知の21世紀的課題——倫理的視点からの知の組み換え』ナカニシヤ出版, 2001年所収)の173-4頁を参照のこと.
15) 朝日新聞, 1994年7月28日, 31頁.
16) 朝日新聞, 1994年6月23日, 1頁.
17) 朝日新聞, 1994年12月21日, 1頁.
18) 服部秀一『インサイダー取引規制のすべて』商事法務研究会, 2001年, 142頁.
19) 朝日新聞, 1994年7月12日, 1頁.
20) 東大医学部の研究グループの調査によると,「併用を避けること」という添付文書の記載が, 本来の主旨(併用禁忌)とは異なり, 多くの医師によって相当緩やかに理解されていたことが報告されている. 朝日新聞, 1994年7月3日, 30頁を参照のこと.
21) 詳しくは前掲注14の拙稿(167-74頁)を参照のこと.
22) たとえば, ショー(B. Shaw)の主張などが挙げられるが, そもそも有効性に関する議論は, 有害論と同じ欠点を持つのではないかと思われる. いずれにしても, 有効性や有害性を厳密に証明することは, 実際には困難であろう. B. Shaw, Should Insider Trading Be Outside the Law?, in: T. I. White (ed.), *Business Ethics : A Philosophical Reader*, Prentice Hall, 1993. を参照のこと.
23) J. Moore, What is Really Unethical about Insider Trading?, in: T. I. White (ed.), *Business Ethics : A Philosophical Reader*, Prentice Hall, 1993, pp. 405-9.
24) Moore, pp. 409-11.
25) Moore, pp. 411-13.
26) Moore, pp. 413-16.
27) Moore, p. 413.
28) Ibid.
29) Yulong Ma and Huey-Lian Sun, Where Should the Line Be Drawn on Insider Trading Ethics?, *Journal of Business Ethics* (17), 1998, p. 70.

30) 朝日新聞，1994年6月24日，11頁。
31) 前掲書（服部，2001，142-8頁）を参照のこと。
32) アエラ，1994年7月4日，16頁。
33) 「ストップ安」とは，証券取引所が定めた一日の株価変動制限の下限まで株が売られることを意味する。朝日新聞，1994年11月7日，1頁を参照。
34) 『医薬品企業におけるインサイダー取引防止のガイドライン――医薬品の副作用情報を中心として――』日本製薬工業協会，1995年。
35) ムアは，「有害論」に基づくインサイダー取引の検討において，インサイダー取引が必ずしも常に一般株主に有害であるとは限らないという例として，指値売りの事例を挙げている。その例によれば，指値で売り注文を出しておいた一般株主が，インサイダー取引による株価の値下げによって，インサイダー取引が生じなかった場合よりも，損失を少なくすることがありうる。Moore, 1990, p. 411. を参照。
36) ディジョージ（R. T. De George）は，このような問題について，3つの事例を挙げて検討している。基本的な論点は，職務上得られた情報や知識を私的に利用することが可能であるのはどのようなレベルにおいてか，ということである。日本の文脈では，知的所有権概念に大幅に見直しを迫る「青色発光ダイオード訴訟」の判決結果や，頻発する顧客情報の流出問題などが，具体的な事例になりうるだろう。R. T. De George, *Business Ethics*, 5th ed., Prentice Hall, 1999, p. 300 以下を参照のこと。
37) たとえばディジョージの5つの条件など（De George, 1999, pp. 250-7）。
38) 医療関係者においてこのような専門職性が維持されているかどうかは，専門職倫理という観点から別途検討されるべきである。
39) P. A. French, The Corporation as a Moral Person, in : T. Donaldson and P. H. Werhane (eds.), *Ethical Issues in Business ― A Philosophical Approach ―*, 4th ed., Prentice Hall, 1993, pp. 120-9.
40) 薬害エイズ事件で問題になったミドリ十字は，吉富製薬と合併し，新しく「吉富製薬」になった後で，さらにウェルファイドと改名した。そして2001年には，ウェルファイドは三菱東京製薬と合併して，三菱ウェルファーマという新会社が設立された。三菱ウェルファーマは，2002年には生物製剤製造部門を分社化し，ベネシスを設立している。2002年頃から社会問題化している「薬害C型肝炎事件」の公判では，被告企業は三菱ウェルファーマとベネシスになっている。この事件では，ミドリ十字が販売した血液製剤フィブリノゲンによるC型肝炎の感染が問題となっているが，この二社がミドリ十字の責任を引き継いだと考えられていることになる。

付　論

バイオテクノロジー

——小史と現状・課題——

加藤佐和

I. バイオテクノロジーとは

「ITからBTの時代へ」，そして「ゲノム時代からポストゲノム時代へ」とも言われる今日，バイオテクノロジーはしばしば耳にする語となった。バイオテクノロジーは，食品や医療といったわれわれの日常生活に直接かかわる領域のみならず，種々の学問とも連携するより広範な領域を含む，一大バイオ産業の基幹をになう技術として注目されている（図1）。

バイオテクノロジー（biotechnology）とは，biologyとtechnologyが組み合わされた造語であり，アメリカの証券アナリストのシュナイダー（Nelson M. Schneider）が初めて用いたとされる。バイオテクノロジーの非常に大まかな定義として，「生物のもつ機能を応用する技術」ということができよう。だが，具体的にはその技術の適用範囲は広く，化学工業，農林畜水産業，電子・機械産業，医薬品工業，情報産業，環境・エネルギー産業といった諸産業とも連携しており，何をもってバイオテクノロジーと見なすかについて，国や機関ごとに捉え方が異なる。さらに，今後この技術が拡大化していくことも予想され，国際的に通用するような明確なバイオテクノロジーの定義はないと言われる。

このように定義するのが難しいバイオテクノロジーは，オールドバイオとニューバイオの二つに大別されることもある。

バイオテクノロジーという言葉自体は新しいものであるが，人類はその仕組みが科学的に解明される以前から，よりおいしい作物をつくるため，より収穫量を多くするために品種改良を行ってきた。長い年月をかけて人々の経験から発達してきたそれらの技術，農作物や家畜の品種改良，あるいは味噌，チーズ，酒などをつくる発酵技術や醸造技術などがオールドバイオと呼ばれる。

17世紀には顕微鏡が開発され，微生物の発見に至る。これによって，発酵と腐敗の仕組みが次第に解明されていった。1865年にはメンデルの遺伝

応用分野（産業化）

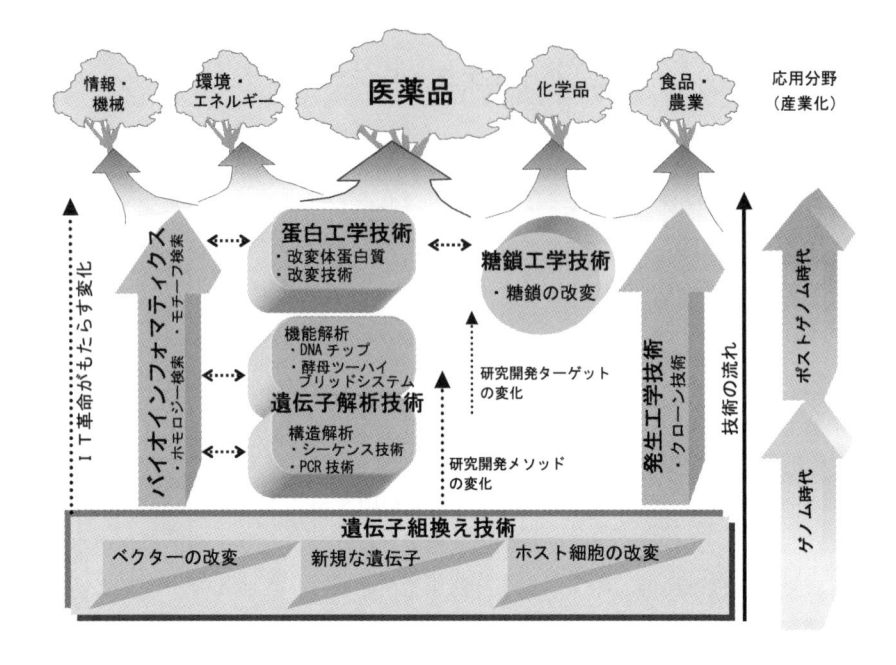

- 情報・機械
- 環境・エネルギー
- 医薬品
- 化学品
- 食品・農業

蛋白工学技術
・改変体蛋白質
・改変技術

糖鎖工学技術
・糖鎖の改変

バイオインフォマティクス
・ホモロジー検索・モチーフ検索

遺伝子解析技術
機能解析
・DNAチップ
・酵母ツーハイブリッドシステム

構造解析
・シーケンス技術
・PCR技術

発生工学技術
・クローン技術

遺伝子組換え技術
- ベクターの改変
- 新規な遺伝子
- ホスト細胞の改変

IT革命がもたらす変化
研究開発ターゲットの変化
研究開発メソッドの変化
技術の流れ
ポストゲノム時代
ゲノム時代

（参考）技術俯瞰図にみられる3大潮流

1．研究開発メソッドの変化 ―蛋白質から遺伝子へ―	最初に新規な蛋白質が発見され，次にそれをコードする遺伝子を単離 （遺伝子組換え技術）	最初に遺伝子が発見され，次いで対応する蛋白質が同定されるという方法 （遺伝子解析技術）
2．研究開発ターゲットの変化 ―構造解析から機能解析へ―	遺伝子解析技術における遺伝子の構造解析 （ゲノム時代）	遺伝子解析技術における遺伝子の機能解析 （ポストゲノム時代）
3．IT革命がもたらす変化 ―解析技術のIT化―	バイオ関連・解析装置 （構造解析・機能解析）	IT化・システム化 （バイオインフォマティクス）

図1　バイオテクノロジー基幹技術の技術俯瞰図

出典：特許庁・平成12年度特許出願技術動向調査「バイオテクノロジー基幹技術」

の法則が発表され，メンデルは遺伝因子（今日の遺伝子）の存在を初めて予見した。メンデルの法則が遺伝学の創始とされている（生物学発展の流れについては中石裕子「クローン技術」高橋隆雄編『遺伝子の時代の倫理』所収，九州大学出版会，1999に詳しい）。さらに20世紀に入ってから，クエン酸，アミノ酸，アルコール，抗生物質などを生産する発酵技術も開発された。従来クエン酸はレモンから抽出され，食品産業で使用されてきた。しかし，この方法では現在の需要に間に合わないため，現在は糖蜜からの発酵法により製造されている。このような発酵技術，発酵工業もオールドバイオに属するとされる。

　他方，ニューバイオは，ゲノム解析技術，ポストゲノム技術，またクローンや再生医療の発生工学技術などを指す。今日一般にバイオテクノロジーと言うとき，ニューバイオを指して用いられたりすることもあり，バイオテクノロジーの定義同様，オールドバイオとニューバイオの区別もやはり各国共通というわけではない。

　アメリカや欧州は，早くからバイオテクノロジーに着目していた。アメリカは80年代にプロパテント政策の推進を図り，基礎的基盤を固め，1994年にクリントン政権が「バイオ技術研究イニシアティブ」を，1999年には「バイオ製品とバイオエネルギーの開発および推進」（大統領令）や「構造ゲノムイニシアティブ提案」（NIH（国立衛生研究所））といった具体的な政策を打ち出している。欧州でも1990年から98年まで「BIOTECH 1 and 2」というバイオ技術開発対策を推進している。アメリカは80年代当時，バイオテクノロジーの分野で味噌やしょうゆなどの発酵工業が古くから盛んであった日本をライバル視していたと言われる。だがそれに対して，日本のバイオテクノロジー政策の歴史は浅い。アメリカや欧州の動向を受けて，ようやく始動し始めたのが1999年の「ミレニアム・プロジェクト」である。

　前年の98年に通商産業省「21世紀のゲノム産業立国懇談会」報告書を受け，国家戦略として「ミレニアム・プロジェクト」（内閣総理大臣決定，平成11年12月）が発足する。ここでは，21世紀における最重要課題のひとつと

して，バイオテクノロジーに関する研究開発があげられている。「情報化」「高齢化」「環境対応」という3つの大きな課題に対し，新しい世紀を切り開く技術開発に取り組む必要性が述べられている。プロジェクト総額予算（1,206億円）の半分以上が，バイオテクノロジーの開発に充てられることになった。「高齢化」分野では，高齢化社会に対応し個人の特徴に応じた革新的医療の実現（ヒトゲノム）と，豊かで健康的な食生活と安心して暮らせる生活環境の実現（イネゲノム）が，また「環境対応」分野では地球温暖化防止の技術の開発・導入，ダイオキシン類・環境ホルモンの適正管理・無害化の促進およびリサイクル技術の開発，循環型社会のための大規模な調査研究があげられている。

　2002年12月には，日本政府としてのバイオテクノロジー戦略が発表される。同年7月から開催されたBT戦略会議によってまとめられた「バイオテクノロジー戦略大綱」では，バイオテクノロジーの進歩は，「人間生活の基本である生きる，食べる，暮らすの三場面のあり方を抜本的に変えるインパクトを持ち得る極めて大きな技術革新」であると述べ，特に重要投資の対象となるべき分野として，「医療・医薬品」，「微生物・バイオプロセス」，「機能性食品・農業バイオ」があげられる。戦略として「研究開発の圧倒的充実」「産業化プロセスの抜本的強化」「国民理解の徹底的浸透」の3つが柱となっている。また，バイオテクノロジー関連の新規産業にともなう新規雇用効果として，2010年までに100万人超（平成11年の推計ではおよそ7万人）が見込まれている。

　このように日本もようやくバイオテクノロジー分野の研究が国家戦略として本格化してきた。さらなるバイオテクノロジーの開発・応用にともなう産業利益や雇用拡大の期待もされている一方で，遺伝子組換え作物への嫌悪感に代表されるような，バイオテクノロジーの安全面の懸念が未だ多数存在し，また生命倫理の領域での種々の問題も指摘されている（図2）。

　以下，近年のニューバイオ発展の歴史を概観したい。

```
1980        1990                                    2000年
─────┼──────┼─────────────────────────────┼──────→

                 1992年          1993年        1995年    1997年
                「生物多様性    「WHOヒト研    「WTO-    「ヒトゲノム
                  条約」         究倫理ガイド   TRIPS」   人権宣言」
                                 ライン」                 (UNESCO)
```

アメリカの動向

- 1974年 ポール・バーグ提案
- 1975年 アシロマ会議
- 1976年 「組換えDNA実験ガイドライン」(NIH)
- 1985年 「遺伝子治療ガイドライン」
- 1997年 「ヒト胚研究規制法」
- 1999年 「遺伝子解析研究ガイドライン」

欧州の動向

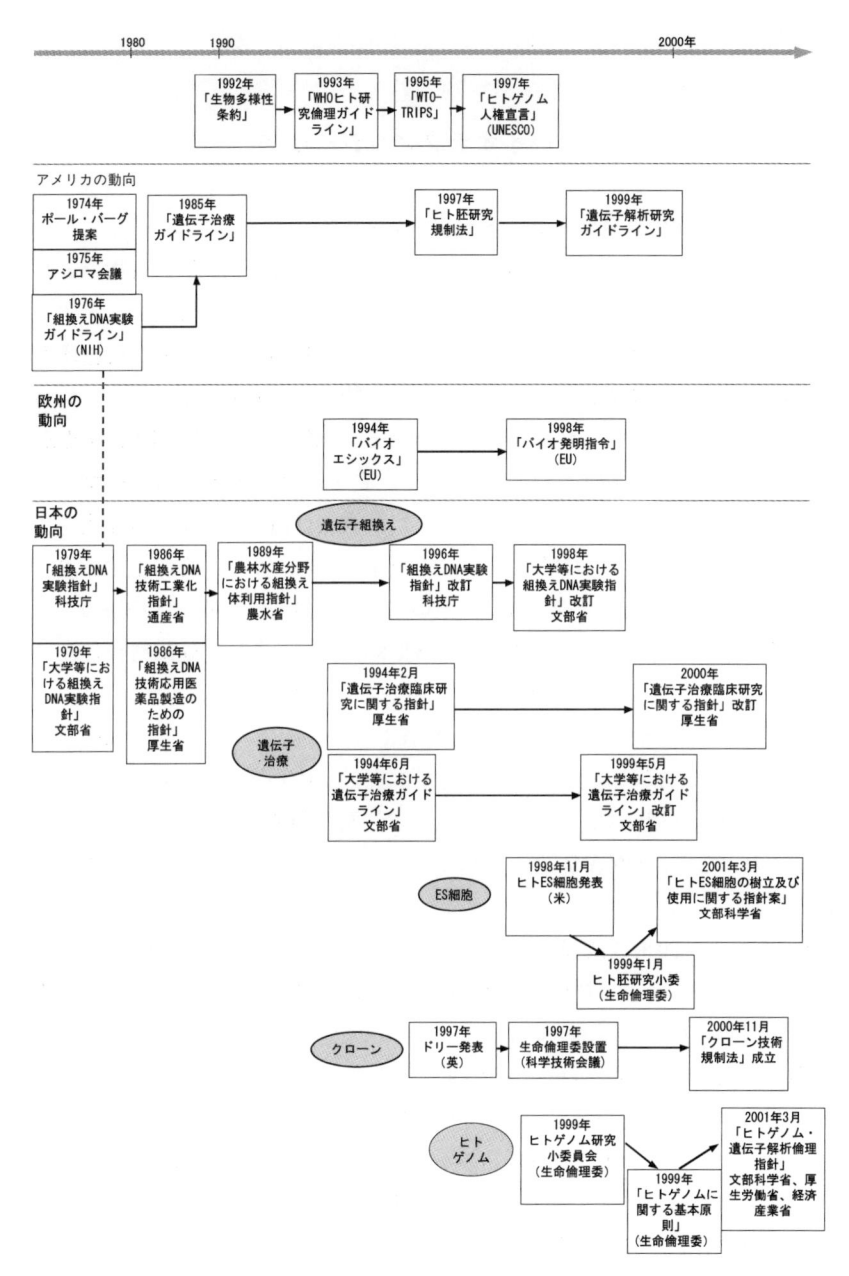

- 1994年 「バイオエシックス」(EU)
- 1998年 「バイオ発明指令」(EU)

日本の動向

遺伝子組換え
- 1979年 「組換えDNA実験指針」科技庁
- 1979年 「大学等における組換えDNA実験指針」文部省
- 1986年 「組換えDNA技術工業化指針」通産省
- 1986年 「組換えDNA技術応用医薬品製造のための指針」厚生省
- 1989年 「農林水産分野における組換え体利用指針」農水省
- 1996年 「組換えDNA実験指針」改訂 科技庁
- 1998年 「大学等における組換え指針」改訂 文部省

遺伝子治療
- 1994年2月 「遺伝子治療臨床研究に関する指針」厚生省
- 1994年6月 「大学等における遺伝子治療ガイドライン」文部省
- 1999年5月 「大学等における遺伝子治療ガイドライン」改訂 文部省
- 2000年 「遺伝子治療臨床研究に関する指針」改訂 厚生省

ES細胞
- 1998年11月 ヒトES細胞発表 (米)
- 1999年1月 ヒト胚研究小委 (生命倫理委)
- 2001年3月 「ヒトES細胞の樹立及び使用に関する指針案」文部科学省

クローン
- 1997年 ドリー発表 (英)
- 1997年 生命倫理委設置 (科学技術会議)
- 2000年11月 「クローン技術規制法」成立

ヒトゲノム
- 1999年 ヒトゲノム研究小委員会 (生命倫理委)
- 1999年 「ヒトゲノムに関する基本原則」(生命倫理委)
- 2001年3月 「ヒトゲノム・遺伝子解析倫理指針」文部科学省、厚生労働省、経済産業省

図2　バイオテクノロジーの安全・倫理に関わる指針・提言

出典：特許庁・平成12年度特許出願技術動向調査「バイオテクノロジー基幹技術」

II. バイオテクノロジー小史

(1) 遺伝物質の発見からセントラルドグマまで

1879年に核の中に染色体が発見され（フレミング），1911年に生物の形質を決める遺伝をつかさどっているものは染色体と挙動が一致しているとする遺伝子説が確立され（モーガン），メンデルの予見した遺伝因子が染色体上に存在することが明らかになった。そこで，染色体の成分はDNAとタンパク質であるが，どちらが遺伝情報を担うかが問題となった。遺伝物質がDNAであることを初めて証明したのは，アメリカの細菌学者エーヴリー（O. T. Avery）であった。彼は，1944年に肺炎双球菌を用いて形質転換を調べ，遺伝物質の正体はDNAであることを主張した。だが，その主張はすぐには世間に受け入れられなかった。というのも，当時はたった4種類のヌクレオチドからなるDNAではなく，20種類のアミノ酸が複雑に結合したタンパク質が，遺伝をつかさどる物質であるという考えが大勢を占めていた。最終的には，1952年にハーシー（Alfred Hershey）とチェイス（Martha Chase）が，バクテリオファージ（細菌に感染し菌体内で増殖する細菌ウィルスの一群）を用いて，遺伝情報を伝える物質はDNAであることを証明した。これにより，DNAは遺伝子であることが初めて世に認められることとなった。

翌1953年，20世紀最大の発見とも言われる，ワトソン（James Dewey Watson）とクリック（Francis Harry Compton Click）による，細胞核内の染色体に収められているヌクレオチドの長鎖構造からなる，二重らせん構造のDNA分子模型が発表された。この発見は今日におけるバイオテクノロジーの発展の礎であるとも言え，遺伝子からアミノ酸が作られ，その連鎖によって，タンパク質が形成される仕組みが解き明かされることとなる。

1950年代にはRNAの機能の解明が進む。クリックによって，DNAとタンパク質の合成を仲介するアダプター分子，すなわちRNAの存在が予想さ

れた。そして，1957年に当時における遺伝子の知識の集大成として，クリックが「セントラルドグマ」を提唱する。DNAはタンパク質を作るための設計図であるが，DNAがタンパク質を作るのではない。遺伝情報はDNAからRNAへ，RNAからタンパク質へと，一方向で伝わるという学説である。

以降，60年代にも研究が進み，DNA，RNA，タンパク質という遺伝情報伝達の流れに関わる物質間の基本的関係が明らかになった。DNAが塩基配列の形でもつ遺伝情報は，まずRNAの中の1種類であるメッセンジャーRNA（mRNA，DNAから遺伝情報をコピーしタンパク質合成の鋳型となる分子）に写し取られ，つまり転写（transcription）される。そして，トランスファーRNA（tRNA，アミノ酸と結合しmRNAによって指定されたアミノ酸をリボソームまで運ぶアダプター分子）がmRNAに相補的に結合することで，アミノ酸がDNAの情報に従ってつなぎ合わされタンパク質の合成，つまり翻訳（translation）が行われる。このようにして，一連の遺伝子機能の発現の仕組みが明らかになる。

それまでの生物学は，伝統的に分類学や形態学などの学問として発展してきたが，60年代になって，分子生物学という新しい学問分野が誕生し，生命現象を分子のレベルで解き明かすことが可能になった。そこでは，遺伝など生命現象の本質が一般化，単純化された形で解明され，生命現象はすべて分子間の相互作用として，分子レベルの物質論として理解できることが示された。そこで，さらに発生・分化の仕組みや脳神経機能を，また生命の起源や進化の謎をさかのぼって解明しようという動向へと発展する。

(2) 細胞融合技術，遺伝子組換え技術

植物バイオテクノロジーの発展のきっかけともなったのが細胞融合技術である。1900年代初めから組織培養技術の開発が進み，1972年にタバコ野生種同士の細胞融合が初めて成功する。植物細胞の場合頑丈な細胞壁があるが，セルロース分解酵素等を用いて細胞壁を除去する。この裸の細胞に電気

刺激を与えるなどして細胞同士を融合させる（遺伝子の切り貼りは行われない）。複数の細胞の膜が融合して細胞膜を共有し，新しい雑種細胞ができる，これを応用し新品種の育種が行われた。1974年に，融合率が高いPEG（ポリエチレングリコール）法が開発され，1978年にドイツで，通常の交配では雑種を作ることができないポテトとトマトの細胞融合により体細胞雑種「ポマト」が作り出された（メルヒャース）。この「ポマト」は夢の植物として取り沙汰され，植物バイオテクノロジーの歴史の中で最も有名な植物とも言われる。これまで，農作物の品種改良は土壌生態系において実際に作物をかけ合わせ，優良な品種を選別することで行われていたものが，$in\ vitro$（試験管内）で作り出されることが可能になった。以降，遺伝子組換え技術の開発により，植物バイオもさらに進展し，近年では青いカーネーション，青いバラなども作り出されている。

　分子生物学の知識から，1970年代のDNAを切断したり結合したりする技術開発，遺伝子の操作を可能にする研究として，遺伝子工学が発達する。そして，1970年代の頃から「バイオテクノロジー」の語が用いられ始めた。

　1973年アメリカで，コーエン（Stanley Cohen）とボイヤー（Herbert Boyer）による最初の遺伝子組換え実験が行われる。彼らは，大腸菌の遺伝子に黄色ブドウ球菌の遺伝子を組み込み，異種間の生物の遺伝子を操作する基礎技術を開発した。遺伝子の本体が明らかになったことで，このような技術が可能となった。DNAは化学物質であり，従来の化学的知識にもとづき，合成，切断，結合等の化学変化を起こさせることが理論上可能であり，DNAに乗っている遺伝子も組換え可能である。そこで，DNAを切る「はさみ」の役割をする制限酵素や，DNAを結合させる「のり」に相当する連結酵素を用いて，試験管内で異なる生物のDNAを切り貼りし，人間の望む形質をもつ生命を生み出す可能性が現実のものとなった。翌1974年にこの基礎技術にたいする特許の出願がなされた。

　遺伝子組換えが可能になった反面，そのような実験は果たして安全であるのかという疑問も湧き上がった。遺伝子工学の手法が開発されて間もなく，

遺伝子組換えによって人間にガンや不治の病を引き起こす危険な生物が作られる可能性などが問題視され，1975年に遺伝子組換え実験の安全性をめぐり開かれた初めての国際会議，アシロマ会議が開催された。アメリカ，イギリス，日本などの世界の主要な研究者が集まり，組換えDNAの潜在的な危険性について論議が行われた。その結果，科学者が自発的にこれらの研究を一時停止するというモラトリアム決議に至っている。翌1976年に，アメリカNIH（国立衛生研究所）は組換えDNAガイドライン（NIH指針）を公布し，日本でも1979年に文部省と科学技術庁が実験指針を，次いで1986年に通商産業省が「組換えDNA技術工業化指針」を作成した。アシロマ会議は，安全性を重視し，研究者自らが自主規制を選択したケースとして評価される。しかしその後，種々のバイオテクノロジーは莫大な利益をうむ宝の山であることが分かり，各企業間の競争が進み始める。

(3) ヒトゲノムプロジェクト，ドリー，ES細胞

　生殖補助医療の領域も進展する。1978年にイギリスで，最初の体外受精児が誕生した。これは，卵管閉塞による不妊症の治療法として初めて試みられた。実際には，発生の初期段階がシャーレで培養されるのだが，いわゆる「試験管ベビー」として世界中で物議をかもした。だがその後，技術の発展とともに，今日世界の50に近い国々で体外受精は実施されるに至る。体外受精技術は，排卵直前の成熟した卵子を卵巣から取り出し，これを体外で精子と受精させ，2日ほど培養させて8細胞胚に発育したところで子宮に移植するものである。

　生物を工場とする動物バイオテクノロジーの先駆けとして，1980年に大腸菌によるインシュリンの生産が行われる。また，1982年には，ラットの成長ホルモン遺伝子をマウスに導入する遺伝子操作に成功する。このマウスは正常の2倍の大きさまで成長したと報告された。その後，動物の遺伝子操作実験が進み，アメリカの大学で1999年には中枢神経系に関与する遺伝子を操作して頭の良いネズミをつくる実験や，欧州でもマウスの遺伝子を一つ

だけ壊すことで，寿命を長くする実験などが行われている。先の植物バイオにおける「青いバラ」同様,「長寿」「頭脳優秀」などかねてからの人類の願望や夢の実現が，バイオテクノロジーを用いて目指されている。

1985年，キャリー・マリス（K. B. Mullis）らによる遺伝子を増幅するPCR（polymerase chain reaction, ポリメラーゼ連鎖反応）法が開発された。PCR法とは，極微量のDNA分子の特定領域を，短時間で増幅させる手法である。DNAの合成を開始するために，その領域をはさむ形のプライマー（短いDNA断片）を合成して加える。そこに，高温でも安定な耐熱性酵素を加え，まず温度を95℃にし，水素結合しているDNAの2本の鎖を1本にほぐす。次に，耐熱性酵素が活性を持つ点まで温度を下げると，プライマーの先に新しいDNA断片が合成される。このサイクルを繰り返して，ごく少量のDNAから，目的の領域を増幅させることができる。このPCR法の開発が「ゲノムビジネス」登場の契機となったとされている。

そして，20世紀末の壮大なプロジェクト，ヒトゲノム解読が開始される。まず1988年にアメリカで独自にヒトゲノム解読がスタートした。だが，あまりに壮大なプロジェクトであったため，2年後の1990年には，「ヒトゲノムプロジェクト」が，アメリカ，イギリス，日本，ドイツ，フランス，中国の6ヵ国，20の研究所の参加によって，公式に世界規模で開始された。当初は15年計画であったが，2001年にはヒトゲノム遺伝子全体の概要が発表され，2003年にはプロジェクトの終結が発表された。ヒトゲノムに含まれる遺伝子の数はおよそ3万2,000個であり，ヒトゲノムの配列が判明し地図が明らかになった。

1990年アメリカで，世界初の遺伝子治療が実施された。これは，白血球内のリンパ球で作られるアデノシンデアミナーゼ（ADA）という酵素が少ないことが原因である，先天性の免疫不全症であるADA欠損症の女児のリンパ球に正常なADA遺伝子を導入するという治療であった。以来，他国でも次々に遺伝子治療が試みられ，その対象疾患も遺伝病の他にガン，エイズなどに拡大されている。

1996年にイギリスのロスリン研究所で，クローン羊ドリーが誕生し，翌年世界にそのニュースが報道された。哺乳類の体細胞核移植クローン技術の確立により，ヒトについてもその技術を適用することが理論上可能となり大きな話題となった。その後，2001年にはカナダの新興教団により，2002年にはイタリア人医師により，ヒトクローンをつくる計画が発表された。

　1998年11月に，アメリカのウィスコンシン大学がヒトの胚性幹細胞（ES細胞）の分離培養技術の確立に成功したと発表した。マウスでは以前から作られていたが，現在，再生医療の領域で最も注目されているのはこのES細胞で，ヒトES細胞の樹立により再生医療の可能性が広がった。ES細胞は環境に応じてどのような細胞にも分化することができるので，万能細胞や全能細胞とも呼ばれる。

III. バイオテクノロジーの現状と課題

　ヒトも含む種々の生物のゲノムの塩基配列が明らかになり，ヒトゲノムでは約30億個の塩基配列が遺伝情報を伝えているが，実際にはそのおよそ5％の領域が遺伝子であることが判明した。そしてゲノム研究をもとに，ヒトゲノムの機能にかんする研究，いわゆるポストゲノム研究が開始された。以下，医療，情報，環境とかかわるポストゲノム研究の視座から，バイオテクノロジーの利点と問題をとりあげる。

(1) 医療とバイオテクノロジー

　先進国においては肺炎や結核などかつて致命的であった多くの感染症は治療可能な病気となり，現在病気は感染症から生活習慣病へと推移した。ハンチントン舞踏病や血友病など単因子遺伝病だけではなく，ガン，糖尿病，アルツハイマー症なども環境要因のみならず，遺伝要因の関連も強いことが分かり，医療や健康の問題にさまざまな遺伝子が関係することが明らかになった。疾患遺伝子の発見，新たな診断法や治療法の開発，または近年よく耳に

するオーダーメイド（テーラーメイド）医療の推進において，今やゲノムを抜きには医療を語れない時代である。バイオテクノロジーの著しい発展の反面，生命倫理の領域においても新たな諸問題が提起されることになった。

遺伝子診断，遺伝子治療

ヒトゲノムの解読は，遺伝子診断や遺伝子治療に道を開くことになった。

遺伝子診断とは，塩基配列の個人差にもとづいて病気の原因となる遺伝子を持つかどうかを調べるものである。現在，疾患遺伝子のDNA診断は日常的になり，その診断結果から治療方針を定めている。また，将来特定の病気にかかりやすいか否かを予測するためにも使われ始めている。このような予測がある程度可能になれば，「治療」ではなく「予防」が医療の主流になるとも言われる。

遺伝子治療は，当初遺伝性疾患が対象であったが，現在ではガン，アルツハイマー症，エイズなどを主な対象に行われ，およそ400の遺伝子治療のプロトコール（治療計画）が実施されている。異常遺伝子を正常な遺伝子に修復するような直接的な手法は技術的に難しく，欠損している遺伝子を補完したり，うまく働かない遺伝子に付加したりする方法が実際には行われている。その際の遺伝子導入には一般にベクター（運び屋）が用いられる。宿主たる細胞に感染するとその細胞の核に侵入し，宿主のDNAの中に自身のDNAを組み入れる逆転写の機能を有するウィルスベクター，あるいは非ウィルスベクターを用いるが，それぞれが長所，短所を併せもつ。そこで，複数のベクター系を組み合わせ，短所を相補するハイブリッドベクターの研究も進められている。

現在，ヒトの生殖細胞に伝達されるような人間の遺伝的操作は，ヒトそのものを改変することにつながることが懸念され，体細胞のみを治療の対象として扱うことが世界的に大勢を占める。胎児の体細胞への遺伝子治療の可能性も検討されているが，遺伝子治療によって，人類全体の遺伝子プールにどのような影響を及ぼすか明らかではない。遺伝子治療は未だ実験的段階にあ

り，原因遺伝子を直接治療するわけではないため，遺伝子治療によって劇的に改善した症例も少ないという批判もなされる。だが，遺伝子治療の最終目的は遺伝病の治療であり，そのためには生殖細胞に介入する必要がある。生殖細胞について可能性があるのは，受精後に受精卵を取り出し遺伝子を導入するというものである。受精卵の段階で行えば，胎児の生殖細胞にも導入した遺伝子が入り，次世代に伝わることになる。しかし，これを実現するには，受精卵の段階で診断を行わなければならず，細胞が1個しかないため現在は不可能である。それよりも現実的なのは，8細胞胚のときに1個細胞をとり遺伝子診断を行い正常な胚だけを子宮に戻し妊娠させるもの，つまり遺伝子治療というよりも，遺伝病になる可能性のある胚を除去するというものである。

さらに，遺伝子の改造による「エンハンスメント（強化・能力増強）」の問題も議論され始めている。エンハンスメントとは，「健康の回復と維持という目的を越えて，能力や性質の『改善』をめざして人間の心身に医学的に介入すること」（松田純著『遺伝子技術の進展と人間の未来』，p. 121）と定義される。記憶に新しいアテネオリンピックでも，ドーピング問題が話題になった。従来，あるドーピングにたいする規制が確立されれば，また新たなドーピングの手段が生まれるという「いたちごっこ」であったが，遺伝子レベルでドーピングが行われることになれば，防ぎようがないとも言われている。また，遺伝子治療を受精卵にたいして行えば，優れた遺伝子を導入することで親の希望する通りの子どもを誕生させる，いわゆる「デザイナー・チャイルド」の問題も懸念されている。特定の病気の治療を想定し開発された技術が，「治療」の域をこえ，身体的・知的能力の強化を目的として利用されうることが懸念されている。優生思想に再び道を開くことになるであろうか。

SNP 研究

ゲノム解読の副産物として，SNP（Single Nucleotide Polymorphism，一塩基多型）が発見され研究が開始した。DNAの塩基配列はおおむね人類共通

であるが，個人間で500〜1,000塩基に1個の割合で個人差が存在すると考えられている。この一つの塩基の違いがSNPと呼ばれる。この塩基配列の多様性は，突然変異によってもたらされ，人の集団内に広がりうる。その塩基の変化を持つ人が集団中の1％以上の割合で存在するものが遺伝子多型（polymorphism）と言われ，SNPは遺伝子多型の1種である。

　ヒトゲノム約30億塩基対のうちに，SNPはその0.1％にあたり，300万〜1,000万個あるとも見積もられている。現在SNPの同定が着々と進められている。SNPはたった一塩基の変化であるため，その大半は生物学的な影響をもたらさないが，その変化が重要な遺伝子の中やその周辺に生じた場合は，個体の性質の「個人差」として現れてくることがある。SNPの解析結果の利用法として，未知の疾患関連遺伝子を探し出したり，薬の効果や副作用の発現における人種間の差や個人差などを調べたりすることが可能となる。後者は，pharmacology と genomics の造語であるファーマコジェノミクス（pharmacogenomics）として，特定疾患群の患者に共通な遺伝的特徴を把握し，その疾患に最適な薬剤の開発をすることが目指されている。

　SNPのおよそ8割がどの人種にも共通してある一定頻度で見られ，残りはかなり人種特異性の高いものとされている。日本でも2000年から日本人に固有のSNPの解析が始まっている。

　SNP研究は，将来個人の差異にもとづく，薬の有効性や副作用の影響の違いを考慮し治療にあたるオーダーメイド医療を可能にすると言われているが，他方で特許の問題ともからんでいる。特許権は，人間の知的創作活動の成果にたいする知的財産権のうちのひとつであり，もともとモノに対して与えられるものであった。1980年にアメリカで，オイルを分解するよう遺伝子操作が行われたバクテリアが特許の対象になった。これは，それまで技術的な発明・発見に限られていた特許権が，微生物にたいして適用された初めてのケースであった。さらに，ヒトゲノム解読によって，新たに遺伝子特許の問題が生じた。DNAの塩基配列に対しても特許が認められるようになる。人類共有の財産としてのヒトゲノム情報が国際ヒトゲノム機構

(HUGO) や HUGO と解読を競い合ったアメリカのセレラ社によって無償で公開されているが，医薬品開発などの経済的価値を生み出す SNP 情報は，種々の企業による特許取得競争の対象になっているのが現状である。

医薬品開発

イギリスのロスリン研究所はクローン羊ドリーの誕生から2年後の1998年に，遺伝子組換え兼クローン羊であるポリーを生み出した。遺伝子組換えを行うことで，ポリーのミルクに，血友病の治療に用いるヒト血液凝固第9因子を含ませることに成功した。その後このような動物を工場として医薬品や移植用臓器を生産する遺伝子組換え動物，すなわちトランスジェニック動物がヒツジ，ヤギ，ウサギ，ブタ，ウシなどで作成され，医薬品タンパク質の生産が行われている。

トランスジェニック動物研究で最も期待されているのは，ヒトの病気と同じような病態を持つ動物モデル（疾患動物モデル）を作ることである。マウス，サルなどの疾患動物モデルを用いることによって，種々の薬の効果を検査することができる。

このようにバイオテクノロジーとゲノム科学の進展により，従来とはまったく異なる発想から，医薬品開発が進展している。これまで，医薬品の開発は，まず疾患に重要な働きをしているタンパク質を見つけその機能を解明し，その設計図であるDNA配列を同定した後，様々な手法を用いて薬剤の標的としての是非を検討するという手順で行われ，実用化までにかなりの時間を要していた。だが，今後はDNAの異常を検出する研究から医薬品として役立つタンパク質を見つけるという方法に移行し，時間の短縮が可能となる。さらに，これまではよい薬とは，多くの患者に平均的に効果があり副作用がないものと理解されていたが，SNPをはじめとするDNAの個人差に基づいて，この概念が今後変わるかもしれない。ゲノム情報の個人差にもとづき，患者の体質にあった医薬を開発あるいは最初に使うべき薬を選択することが可能になれば，それこそ真の良薬となるであろう。

再生医療

　ヒトES細胞の樹立が再生医療の裾野を広げた。ES細胞がどのような細胞にも分化することができるという性質を利用して、マウスES細胞から心筋細胞（心筋梗塞の治療に役立つ）、横紋筋細胞（筋ジストロフィー）、造血幹細胞（白血病）、ドーパミン作動性神経細胞（パーキンソン病）、インシュリン産生細胞（糖尿病）などの作成に成功したことが報告されている。現在のところ、ES細胞からは分化した細胞しか作成できないが、さらに技術が進展すれば、心臓や肝臓といった臓器を再生し、移植に用いることも予見されている。体細胞核移植から自分のクローン胚をつくり、それからES細胞を樹立すれば、理論的には自分の臓器移植に用いることが可能となる。これら自己由来の臓器は移植後の拒絶反応の問題も回避でき、臓器不足の問題にも対応できることが見込まれる。

　これらの開発には、生命倫理学の視点から、ヒトの受精卵・未受精卵をどこまで研究に利用してよいのかという問題が常に付きまとう。ES細胞は、通常体外受精の過程で不可避的に生じる余剰胚から、胚盤胞を採取・培養し樹立される。ES細胞樹立のためには、「人の生命の萌芽」である胚は死滅せざるをえない。ES細胞の樹立は、ドイツ、フランスでは禁じられていた。だが、2002年1月にドイツ連邦議会は、ES細胞の輸入について、現存する受精卵から取りだされた細胞を研究目的などに使う場合に限定して認めることを可決し、同年7月には、「ヒト胚性幹細胞の輸入及び利用に関して胚保護を確保するための法律」を制定し、ES細胞の輸入を例外的に認めることになった。フランスも2004年7月に、生命倫理法の改正案において、ES細胞の輸入を認める動向を見せている。先進国の先端医療では、もはやES細胞研究は、避けては通れないものになるかもしれない。

(2) **情報とバイオテクノロジー**

　医療の領域とも関連する部分もあるが、情報の視座からバイオテクノロジーの利用について考える。

アイスランドプログラム

　北大西洋の島国アイスランドでは，1998年に「健康部門データベース法（Act on a Health Sector Database）」が議会によって可決された。日本に次ぐ世界第2位の長寿国であるこの国では，人口およそ27万の国民すべての遺伝子情報を，国家が委託したアメリカのベンチャー企業が管理している。国民の多くは9～10世紀に定着したバイキングの子孫で，人種が少なく遺伝子プールはほとんど変化していない。このような集団は，家系と関連づけ病気に関係するDNA変異を見分けるには格好の巨大集団と見なされる。このアメリカの企業は，国民すべての遺伝子を解析する独占的使用権をもち，それと引き換えに，遺伝情報をもとに開発された薬をアイスランド国民に無償で提供することになっている。全国民の遺伝子を解析し，治療に役立てるための方法として，一般的な疾病の発病に関わる原因遺伝子を同定すること，そして遺伝子情報，家系に関するデータおよび診療の記録をおさめる巨大データベースを構築することが進められている。

バイオインフォマティクス

　膨大な生物情報を分類・整理してデータベース化し，コンピュータを実験デバイスとして利用して解析処理を行い，体系化する新たな学問の総称をバイオインフォマティクス（bioinformatics）と呼ぶ。具体的には，生物の持つDNA情報，すなわち配列情報，発現情報，多型情報，構造情報を解析し，DNAという膨大な暗号文から，遺伝子の規則性を見つけるための手段として用いられる。また，生物システムのモデル化とシミュレーションをコンピュータ上で行うことも含まれる。代謝，分裂，遺伝子制御システムといった生命活動を，遺伝子破壊や薬物投与など様々な条件下でシミュレートする。また，生身のヒトでは実行できない遺伝子の掛けあわせや，環境因子の負荷を加えたりするなどを行うことで，さらなる研究の深化が期待されている。日本では1999年にバイオインフォマティクス学会が設立され，環境汚染物質を分解する生物種のデザインや，生態系の反応経路に適合した工業

製品といった応用研究の可能性も示唆されている。このように，生命科学全般の情報化が進み，新薬開発において *in vitro* （試験管内）実験のみならず，*in silico* （コンピュータ上）実験もともに実施され始めている。

また，他分野に比べIT化が遅れていると言われる医療の現場でも，未来のオーダーメイド医療の実現に対しては，遺伝要因を明らかにするとともに，食習慣などの環境要因を併せた統合解析として，バイオインフォマティクスと医療の結びついたバイオメディカルインフォマティクス（biomedical informatics）という新たな言葉も聞かれる。

オーダーメイド医療の実現が望まれているが，将来医師は患者ひとりひとりSNPのタイプをコンピュータに入力し，それに基づいて治療を行うようになるかもしれない。医療情報の電子化が進む反面，遺伝情報の保護すなわち個人情報コントロール権としての個人のプライバシーがいかにして守られるか，規制の仕方など課題が多い。

トランスクリプトーム解析，プロテオーム解析

今後，遺伝子のみならず，アミノ酸の配列や構造の解析，タンパク質の構造や機能，相互作用などに関する情報も解析が進められることになる。ゲノムとは全遺伝子情報であるが，バイオ研究により直結するものと考えられているのが，トランスクリプトーム（全mRNA情報）解析やプロテオーム（全タンパク質情報）解析である。ゲノムは基本的に体中のどの細胞でも同じであるが，各細胞で働く遺伝子の種類と数が異なる。細胞内でどの遺伝子が実際に働いているかを知るために，またそこから得られた情報を再生医学などに活用するためには，どの細胞でどのようなmRNAが作られるかについて，転写の量的，質的調整の全体像の把握が必要となり，これがトランスクリプトーム解析である。また，ゲノムは1つの個体に1種類しか存在しないのにたいし，タンパク質は20種類のアミノ酸からなる非常に複雑な構造を持ち，DNAに比して研究が難しい。たとえDNAの構造に変化がなくても，タンパク質の形や修飾は組織，細胞発生，成長，老化などに伴い変化す

る。こうした遺伝子だけでは捉えられない変化を明らかにするのがプロテオーム解析であり，生物の代謝活動や病理現象の解明には，この視座に基づいた解析が必要となる。

トランスクリプトームを調べるにあたり，利用されるのがDNAチップである。DNAチップは，親指大ほどのガラス板の上に数千，数万個の異なる遺伝子断片を整列化（アレイ化）し，このガラス板に蛍光色素で処理したcDNA（細胞から抽出したmRNAを鋳型として合成された相補的DNA）をかけると，cDNAと結合した遺伝子だけが光るので，どの遺伝子が働いているか一目で判明する。病理組織学的には同一に見える腫瘍でも，その遺伝子の発現パターンに相違があることが明らかとなってきた。DNAチップはDNAマイクロアレイと呼ばれることもあり，またDNAチップやRNAチップやプロテインチップなどを総称してバイオチップと呼ぶ。相補的な遺伝子が結合する性質を利用した遺伝子情報解析ツールであるバイオチップや，実験室で用いる機器の機能をチップ上に集積しマイクロ化することを意味するラボチップ（lab on a chip）といった，チップテクノロジーも今後さらに進展するであろう。

バイオコンピュータ，バイオセンサー

バイオテクノロジーと電子工学の分野の連結として，バイオコンピュータやバイオセンサーが開発されている。バイオコンピュータとは，生物の情報処理システムの原理を利用して作動したり，神経細胞などの生物の一部を利用したコンピュータの総称である。例としてDNAコンピュータがあげられる。アメリカのエイドルマン（L. Adleman）が1994年に，DNAコンピュータの原理を発表した。通常のコンピュータが0と1の数値を用いて処理するのに対し，DNAコンピュータは4つの塩基A，T，G，Cに置き換え，さらにAとT，GとCにおいてのみ結合するという性質を利用し，バイオチップを高度に集積してバイオコンピュータを形成する。DNAの複製は全体で同時に進むため，従来のコンピュータの逐次計算ではなく，超並列処理

によって膨大な演算処理を同時に行うことが必要とされる。

バイオチップを含め，生物の持つ優れた機能を工学的に応用し，既存の素子にない新たな機能をもつバイオ素子を開発する分野であるバイオエレクトロニクスの領域も近年開発が進んでいる。バイオエレクトロニクスの例として，現在バイオ素子として医療，食品分析，水質管理などの領域で利用されているバイオセンサーがある。バイオセンサーには，例えば酵素の触媒作用を利用し分子識別素子として用いて，グルコースや乳酸等を測定するものがあり，これらは主に医療の場で実用化されている。また，微生物の行う化学反応を利用し，化学物質を測定する微生物センサーも開発されている。これは，微生物が工場廃水中の有機物質を食べる際の酸素を測定し，水質の汚濁を調べるものがいくつか実用化されている。

二足歩行をしたり，簡単な会話をすることができるヒト型コンピュータの開発が進んでいるが，将来的には，脳と同様の機能をもったバイオコンピュータの開発も視野に入れられている。現在のコンピュータは，定型的なデータを処理する能力には優れるが，手書き文字や人の顔の識別といった，不確定性の強い情報を処理するにはなかなかうまくいかない。このような人間のほうがコンピュータより得意な分野の処理をコンピュータに行わせるために，神経細胞の作りを解明していけば，総合的な状況を自分で判断する能力や学習能力を持ち合わせた脳型コンピュータは実現可能であろうか。

(3) 環境・エネルギー問題とバイオテクノロジー

大量生産，大量消費，大量廃棄によって引き起こされた20世紀の負の遺産の結果，バイオテクノロジーは，今世紀に人類が抱える環境問題，エネルギー問題を解決する福音となるテクノロジーとして注目されている。

バイオマス

「バイオマス・ニッポン総合戦略」（平成14年12月閣議決定）では，地球温暖化の防止や循環型社会の構築のために，バイオマス（biomass）の利用が

急務であると述べられている。バイオマスとは「生物資源の量」を表す概念であり,バイオマス・ニッポン総合戦略では,「再生可能な,生物由来の有機性資源で化石資源を除いたもの」と定義されている。このバイオマスが燃料化されて,熱や電気に変換されるとバイオエネルギーが生まれる。日本でも昔から排泄物や落ち葉などを堆肥として活用してきたが,これも広義にはバイオマスに含まれる。さらに,アメリカは大量に収穫できるトウモロコシ由来のエタノールを生成し,自動車燃料として活用している。ブラジルでもサトウキビからエタノールが生産されるなどしている。バイオマス由来の資源は,石油などの有限な資源とは異なり,生命と太陽エネルギーがある限り繰り返し生産できる。

バイオレメディエーション

土壌や水系等の環境媒体を汚染している難分解性有機化合物や重金属といった有害化学物質を,細菌等の微生物の活動を利用して除去・無害化する,また,植物による重金属の吸収作用を利用するバイオレメディエーション(bioremediation,生物的環境修復)にも近年注目が集まっている。応用技術として,バイオスティミュレーション(biostimulation)やバイオオーギュメンテーション(bioaugmentation)が実際に用いられ始めている。前者は,汚染地域に生息している微生物を酸素や栄養を与えるなどして活性化させ浄化を行う技術である。後者は,汚染地域に効率的に分解を行う外来の微生物を導入するものである。ここでは,天然の微生物だけではなく,より分解能力を高められた遺伝子組換え微生物も利用される。今後,微生物のゲノム情報の活用によって,バイオレメディエーションのさらなる応用が期待されている。

バイオプロセス

バイオプロセスとは微生物,酵素,動植物の機能を活用し物質変換を行うことである。従来の石油等に頼っていた生産技術から,生物の能力を利用

し，植物由来プラスチックや化学品，エタノール等を作るのが目的である。「バイオテクノロジー戦略大綱」においても，バイオプロセスの利用拡大があげられており，これまで生産効率が悪くコストもかかっていたが，遺伝子操作技術の進展により微生物や動植物の機能を高めることが可能になった。

　バイオマス，バイオレメディエーション，バイオプロセスといった新たな領域は，省エネ社会，循環型社会の構築のため，今後さらに応用・普及が望まれている。

　さらに，遺伝子操作作物の開発によって，寒冷地や砂漠などでも育つ，害虫に強い，乾燥に強いなどの作物を作り出すことで，深刻な食料不足の回避や砂漠の緑化に役立てることが期待されている。遺伝子組換え技術は，陸上生物だけでなく，海洋生物を対象に行われ，マリンバイオテクノロジーという新たな分野も登場している。魚介類の効率的な育種だけでなく，海洋生物の種々の機能を利用した工業材料や酵素，さらには医薬品開発への応用も期待されている。バイオテクノロジーの発展により，農業や漁業といった第一次産業が，第二次産業へと転換し始めている。

　また，ゴミ問題にたいしても，生分解性プラスチック（使用中は従来のプラスチックと同様の機能を持ち，自然界に放出すると微生物の働きによって最終的に炭酸ガスと水に分解されるプラスチック）が，医療材料，農業・園芸材料，食品関係で実用化されているが，コストが高いという問題が普及に歯止めをかけている。

　その他，森林破壊等の影響によって絶滅した動物種の復活も，バイオテクノロジーを用いて画策されている。2000年5月，オーストラリア博物館は，1936年に絶滅したと見られているタスマニアン・タイガー（フクロオオカミ）の標本から，保存状態のよいDNAを抽出するのに成功したと発表した。また，およそ1万年前に絶滅したとされているマンモスを復活させるという，日本とロシアの合同プロジェクトが，1997年に開始されてもいる。絶滅動物の体細胞クローンを作り，代理出産を行い，絶滅動物を復活させる

ことは果たして将来可能となるであろうか。

　最後に，農林水産省「農林水産業・食品産業等先端産業技術開発事業」の研究開発課題の中間評価書（平成16年3月）では，農林水産研究分野におけるナノテクノロジー開発の必要性が示唆されている。ナノテクノロジーとは，ナノメートル（10億分の1メートル）で分子・原子を操作・制御し，ナノサイズ特有の物質性質などを利用して新しい機能，優れた特質などを発現させる技術の総称である。環境分野だけでなく，ナノテクノロジーの応用分野は非常に広範囲にわたる。バイオ技術（BT），ナノ技術（NT），および情報技術（IT）の融合，BT－NT－ITの融合によって，さらに技術の開発・応用が進むであろうと言われている。

　謝辞：今回この付論の執筆に当たりまして，年度末の大変お忙しい中，貴重なかつ丁寧なアドバイスを頂き励まして下さいました熊本大学発生医学研究センターの山村研一先生，医学部の佐谷秀行先生，発生医学研究センターの粂和彦先生に心から感謝申し上げます。本当にありがとうございました。

参考文献

軽部征夫『バイオテクノロジー──その社会へのインパクト──』放送大学教育振興会，2001年。
三菱総合研究/三菱化学生命科学研究所編『バイオ・ゲノムを読む事典』東洋経済新報社，2004年。
松田純『遺伝子技術の進展と人間の未来──ドイツ生命環境倫理学に学ぶ──』知泉書館，2005年。
菱山豊『生命倫理ハンドブック　生命科学の倫理的，法的，社会的問題』築地書館，2003年。
大石正道『図解雑学　遺伝子組み換えとクローン』ナツメ社，2001年。
加藤敏春『ゲノム・イノベーション　日本の「ゲノムビジネス」成功の鍵』勁草書房，2002年。
坊農秀雅『バイオインフォマティクス入門』羊土社，2002年。
綜合社編集『情報・知識 imidas 2002』集英社，2002年。

名和小太郎『ゲノム情報は誰のものか　生物特許の考え方』岩波科学ライブラリー，2002 年。

参考 URL

バイオマス・ニッポン総合戦略
http://www.maff.go.jp/biomass/senryaku/senryaku.htm
バイオテクノロジー戦略大綱
http://www.kantei.go.jp/jp/singi/bt/kettei/021206/taikou.html
21 世紀のバイオ産業立国懇談会報告書
http://www.meti.go.jp/policy/bio/downloadfiles/rikkokukondankai.pdf
特許庁ホームページ
http://www.jpo.go.jp/indexj.htm
農林水産業「食品産業等先端産業技術開発事業」の研究開発課題の中間評価書
http://www.s.affrc.go.jp/docs/hyouka/kk_hyouka/project_hyouka/h15/chukan/bessi01/h15hyouka.pdf

既刊総目次

第1巻　遺伝子の時代の倫理
まえがき（高橋隆雄）
第1章　人間と遺伝子の視点（中山　將）
第2章　出生前検査・診断――その背景とわが国での現状――（松田一郎）
第3章　「生命倫理」の課題としての「人の誕生」（八幡英幸）
　　　　――出生前診断の問題から見えてくるもの――
第4章　遺伝子治療の現状（松下修三）
　　　　――エイズ遺伝子治療の申請から中止まで――
第5章　クローン技術（中石裕子）
第6章　ヒト・クローン作製をめぐる倫理的諸問題（高橋隆雄）
討　　論
関係年表

第2巻　ケア論の射程
まえがき（中山　將）
序　章　ケア論の素描と本書の構成（高橋隆雄）
第1章　ケアの本質構造――ハイデガーの寄与――（中山　將）
第2章　日本思想に見るケアの概念――神の観念を中心として――（高橋隆雄）
第3章　ケア，正義，自律とパターナリズム（中村直美）
第4章　終末期のケア（田口宏昭）
第5章　看護におけるケアの変遷と展望（前田ひとみ）
第6章　高齢社会とケア――その倫理的側面――（嵯峨　忠）
付　　録
関係年表
事項索引

人名索引

第3巻　ヒトの生命と人間の尊厳

まえがき（高橋隆雄）
第1章　発生医学とはなにか（須田年生）
第2章　再生医学の倫理的・法的・社会的問題（橳島次郎）
　　　　――人の胚の扱いを中心に――
第3章　ヒト胚問題への「反省的均衡」の適用（高橋隆雄）
　　　　――「調査倫理学」試論――
第4章　「人の生命の萌芽」は「尊厳」を持つか（八幡英幸）
第5章　人間の尊厳について（中山　將）
第6章　生命倫理をめぐる法（小名木明宏）
第7章　日本文化に見られる生命観（嵯峨　忠）
付　録　ヒト胚をめぐる各国の状況（中石裕子）
用語解説
事項索引
人名索引

第4巻　よき死の作法

まえがき（高橋隆雄）
第1章　細胞における死の流儀と意義（佐谷秀行）
第2章　「よい死」をめぐって――いかに死ぬかを考える――（中山　將）
第3章　日本のホスピス・緩和ケアの現状（井田栄一）
第4章　看護における死（森田敏子）
第5章　安楽死について――日本的死生観から問い直す――（高橋隆雄）
第6章　古代日本における死と冥界の表象（森　正人）
第7章　受取人不在の死――水俣の魂と儀礼・口頭領域――（慶田勝彦）
第8章　自然葬と現代（田口宏昭）
安楽死・本書関連事項年表

第5巻　生命と環境の共鳴

まえがき（高橋隆雄）
第1章　環境と生命の相互進化（佐谷秀行）
第2章　生物多様性とその保全（髙宮正之）
第3章　環境の成立と意義──疎外の視点からの考察──（中山　將）
第4章　生命と環境の倫理──ケアによる統合の可能性──（高橋隆雄）
第5章　人類史に及ぼした水俣病の教訓──水俣学序説──（原田正純）
第6章　環境対策の技術とシステムづくり（滝川　清）
　　　　　──複雑系への取り組み──

事項索引
人名索引

事項索引

DNA　3-6, 8, 57, 59, 61-63, 87, 89, 90, 130, 150, 158, 192, 202-211, 213-215, 218
ES 細胞　57, 81, 205, 207, 212
FAP　1, 15-20, 22, 29
in silico　214
in vitro　204, 214
IT　39, 46, 48, 49, 52, 53, 59, 197, 214, 219
PCR 法　59, 61, 206
RNA　8, 202, 203, 214, 215
SAP　16, 26-28, 30
SNP　209-211, 214
WHO　157, 166, 167

あ行

朝日新聞　192-194
アナログ技術　59
アニミズム　68
アメリカ　66, 72, 79, 145, 147, 149, 157-160, 162, 164, 168, 169, 180, 197, 199, 202, 204-207, 210, 211, 213, 215, 217
イギリス（英国）　145, 157, 159-161, 163, 165, 170, 205-507
移植　205, 211, 212
　核移植　59, 207, 212
　肝臓移植　19
イデア　66, 137
遺伝
　遺伝カウンセリング　154, 156, 169
　遺伝差別　145, 150, 153, 154, 158, 166
　遺伝スクリーニング　160, 161, 170
　遺伝データ　150, 151, 157
　遺伝的特性　150

遺伝病（遺伝性疾患）　3, 9-11, 13, 15, 17, 25, 29, 57, 151, 156, 158, 159, 161, 162, 168, 206-209
遺伝プライバシー　145, 147
遺伝モニタリング　160, 161, 169, 170
遺伝学　3, 4, 7, 12, 15, 199
　遺伝学的検査　151, 154, 156, 157, 159-164, 167-170
　医科遺伝学　15
　分子遺伝学　13, 87, 89
　薬理遺伝学　155
　生殖遺伝学　148
　臨床遺伝学　13
遺伝子
　遺伝子型（genotype）　6, 62, 151, 162
　遺伝子組換え　61, 200, 203-205, 211, 217, 218
　遺伝子工学　79, 80, 204
　遺伝（子）情報　3-6, 8, 16, 29, 30, 39, 57, 58, 130, 131, 140, 143, 145, 148-152, 154-159, 161-163, 167-170, 202, 203, 207, 213-215
　遺伝子診断（遺伝診療）　17, 23, 57, 145, 208, 209
　遺伝子多型　152, 155, 160, 166, 167, 210
　遺伝子治療　57, 59, 60, 80, 206, 208, 209
　遺伝子の多様性（遺伝的多様性）　57, 76
　遺伝子プール　76, 208
いのち　78, 82
因果連関　122-124, 130

インサイダー取引　173, 175, 178, 180-189, 192-194
インターネット　35, 44, 45, 49, 50, 53, 69, 98, 109, 110
インフォームド・コンセント　66, 145, 151-153, 155, 156, 158, 165, 166, 168, 184
ヴァーチュアリティ　47, 48
ヴァーチュアル・リアリティ　47
運命愛　58, 78
エイズ（ウィルス）　12, 194, 206, 208
エーザイ　174, 175, 178
エキスパートシステム　102
エルゴノミックス　100
塩基（配列）　5, 9, 10, 20, 61, 62, 89, 130, 157, 203, 207-210, 215
エンテレケイア　137, 138, 141, 223
エンハンスメント　78, 80, 83, 209
オーストラリア　148, 157, 218
オーダーメイド医療　12, 59, 208, 210, 214
オートポイエーシス　52, 53
『オプス・ポストゥムム』　136, 141

か行

快　37-39
ガイドライン　71, 145, 151, 157, 166-168, 185, 194, 205
カウンセリング　57, 151, 154, 156, 157, 169
格率　121, 131
仮想　47, 48
　ヴァーチュアリティ　47, 48
　ヴァーチュアル・リアリティ　47
家族性アミノイドポリニューロパチー　→FAP
価値　36, 43, 48, 50, 65, 70-72, 74, 76, 77, 112, 147-149, 152, 180, 211
神　68, 69, 82, 87, 95, 114, 134
　神の像　71, 82

環境　6, 8, 24, 25, 35, 36, 43, 49-54, 60, 61, 64, 67, 74, 75, 82, 108, 115, 127, 128, 130, 132-135, 149, 161, 169, 197, 216
環境圧　63-65, 75, 81
環境要因　6, 8, 12-15, 23, 25, 29, 61, 207, 214
環境倫理　73, 78, 79, 82, 83, 219
感性　44, 47-49, 51, 52, 98
完成態　137
完全現実態　137
機械　43, 46, 47, 49, 53, 58, 62, 64-66, 73-79, 82, 87, 90-103, 106-108, 110, 112-115, 123, 127, 128, 131, 197
機械論的自然観　67
自動機械　136
危害　145, 154, 161, 182, 183
記号　3, 41, 43, 47, 81, 133, 135
擬似　47, 48, 110
技術
　科学技術　81, 110, 205
　組換えDNA技術, 遺伝子組換え技術　57, 59, 61, 63, 203, 205, 218
　クローン技術　115, 199, 207
　情報技術（IT）　39, 46, 48, 49, 52, 53, 59, 197, 214, 219
傷つきやすさ　69, 78, 83
義務　8, 31, 49, 156, 157, 167, 168, 176, 177, 183, 188, 189
義務論　147
共進化　77, 79
苦　37, 38
空間　8, 35, 38, 44, 45, 47, 48, 67, 89, 103, 109, 110, 190
偶然性　65, 66, 69, 121, 123, 130
グローバリズム　10
クローン（クローニング）　13, 57, 59, 69, 81, 115, 199, 207, 211, 212, 218,
ケア　58, 68, 77, 78, 82, 169
形而上学　72, 82, 96, 135, 137,

141, 142, 164
形相（因）　60, 137-140
契約　　149, 161, 162, 164, 170, 182, 184
血液製剤　169, 177, 178, 194
ゲノム　　3, 6, 8, 9, 12, 20, 197, 199, 206-209, 211, 214
権利　　57, 58, 64, 66, 71, 72, 78, 90, 146, 147, 153, 156, 161, 166, 169, 181
厚生（労働）省　150, 164, 174-179, 185, 187, 189
コード　　3, 81
古事記　68
個人
　個人情報　　147, 149-151, 165, 166, 169
　個人の人格　147, 157
　個人情報保護法　151, 166
悟性（的精神）　47, 51, 52
コピー　　14, 61-66, 68, 75, 76, 203
雇用　　148, 158-161, 169, 170, 187, 200

さ行

再生医学（医療）　57, 69, 169, 199, 207, 212, 214
サイバネティクス　52, 131, 133
細胞
　細胞操作技術　59
　細胞融合技術　59, 203
　生殖細胞　9, 57, 208, 209
　体細胞　9, 204, 207, 208, 212, 210
差別　　71, 158-160, 163, 164, 168-170
作用因　138, 139
自己
　自己意識　　70, 73, 79, 93
　自己決定　156
　自己産出　123, 124, 126, 127, 130
　自己疎外　46, 49

自己統治　147
自己保存　64, 74, 127
死者　69, 78, 177
自然
　自然学　110, 119, 138, 142
　自然環境　43, 45, 114
　自然誌　119, 140
　自然神学　125
　自然探求　120, 131
　自然哲学　67, 119, 140, 142
　自然目的　121, 123-127, 129-131, 141, 142
質料（因）　60, 137-139
指標　27, 90, 104, 132, 133
シミュレーション　44, 47, 91, 213
社会
　社会性　49
　社会秩序　72, 161
　社会的規範　149
　社会的合意　180
種　15, 58, 61, 63, 64, 72-75, 78-80, 82, 90, 114, 119, 124, 127, 130, 140
自由　37, 50, 52, 64, 66, 67, 72, 73, 78, 79, 101, 145, 147, 151, 152, 159, 181
　自由意志　159, 160, 169
主観　83, 89, 105, 110, 111, 129
受精卵　21, 57, 73, 209, 212
主体（性）　36, 37, 39, 43, 45-52, 61, 67, 88, 106, 113, 191
出生前診断　57
守秘義務　143, 145, 146, 149-152, 154, 158, 163, 168, 188
小デカルト派　89
情報
　情報環境　33, 43, 45-51, 207
　情報公開　173, 175, 177, 187
　情報収集　135, 166
　情報所有権論　181, 182
　情報処理　51, 135, 215
　情報の所有　148, 182

情報（の）伝達　119, 130-133, 135, 179, 181, 189, 203
虚偽情報　173, 175, 177, 178
言語情報　44
視覚情報　44
専門的情報　179
内部情報　173, 182, 184, 186, 188-190
証券取引法　178, 180, 185
将来世代，次世代　9, 78, 209
昭和薬品　174, 191
所有　48, 83, 147, 157, 184, 187
　所有権　58, 148, 157, 158, 181, 182, 194
知らないでいる権利　57, 156
自律（オートノミー）　17, 22, 46, 54, 66, 72, 79, 83, 99, 145, 147, 157, 184, 188, 190
進化（論）　8, 38, 46, 49, 51, 63-65, 69, 74, 77, 79, 81, 90-92, 113, 119, 122, 132, 141, 142, 203
人格　50, 58, 72, 79, 83, 90, 145, 147, 154, 157, 159, 164
人権　71, 72, 145
信号　52, 131-133, 135, 140
人工環境　43, 45
人工物　48, 52, 61, 65, 67, 121-123, 125
心身関係　41, 42
身体（性）　42, 44-53, 57, 64, 67, 68, 70, 79, 83, 87-90, 99, 100, 104, 105-109, 114, 135, 151, 166, 209
　身体情報　42
シンボル　49, 50, 54, 81
人類　57, 58, 76, 77, 79, 80, 83, 92, 112, 114, 115, 158, 161-163, 197, 206, 208-210, 216
　人類学　132, 141, 142
　人類の尊厳　79
　人類の不可侵性　79
スクリーニング　11, 28, 160, 161,

164, 170
正義　145
政策　66, 71, 81, 145, 199
生殖　57, 63, 64, 80, 89, 95, 114, 115, 119
　生殖遺伝学　148
　生殖細胞　9, 57, 208, 209
　生殖補助医療　205
製造物責任法　177, 193
生態系　96, 121, 204, 213
生命
　生命一般　37, 38, 71
　生命科学　3, 35, 36, 38, 41, 81, 214, 219
　生命活動　36-40, 43, 45, 49, 52, 60, 61, 213
　生命情報　39, 49, 53
　生命体　4, 8, 9, 36-39, 41-43, 46, 49, 52, 53, 60, 61, 63, 77, 78, 92, 135
　生命的根源（生命の根源）　38, 39, 49, 51
　生命の神聖さ（SOL）　73
　生命倫理　57, 58, 66, 78, 79, 81, 145, 149, 156, 161, 164, 200, 208, 212, 219
責任　51, 70, 83, 89, 90, 111, 151, 154, 161, 166, 173, 177-179, 187-191, 193, 194
設計　39, 61, 62, 65, 81, 102, 103, 109, 131, 145, 203, 211
染色体　4, 6, 8-10, 13, 150, 160, 167, 169, 202
前成説　119
選択的中絶　57
専門職　149, 179, 190, 192, 194
相互作用　36, 37, 125, 142, 150, 174, 176, 177, 185-189, 192, 203, 214
　相互作用情報　173, 175, 177, 179, 185-189, 192, 194
増進的介入→エンハンスメント

事項索引 229

ソリブジン事件　173-176, 184-192
尊厳　69-79, 82
　近代以降の人間の尊厳　70
　個人の尊厳　79
　人類の尊厳　79
　生命の尊厳　73-77, 81, 83
　人間（一般）の尊厳　57, 58, 66, 69, 71-75, 77-79, 81-83, 145
　理性的存在者（人格）の尊厳　72

た行

体外受精　205, 212
胎児　15, 72, 78, 154, 208, 209
代謝（作用）　38, 64, 74, 213, 215
大脳生理学　87
対話　50, 51, 164, 165
他者　35-39, 41, 45, 49, 52, 71, 77, 78, 80, 96, 104, 147, 148
脱中心化　50, 54
治験　175, 176, 178, 186, 189
知性・知能　7, 52, 75
知的財産権　58, 158, 169, 210
中央薬事審議会　175, 177
治療　28, 29, 57, 58, 64, 76, 80, 160, 164, 168, 169, 174, 208-214
テーラーメイド医療→オーダーメイド医療
デカルト主義　93
デカルト的コギト　83
テクノロジー　51, 53
　デジタルテクノロジー　58-65, 68
　ナノテクノロジー　63, 219
　バイオテクノロジー　57, 58, 61-64, 68, 81, 83, 197, 199, 200, 202-208, 211, 212, 215, 216, 218, 220
デザイナーチャイルド　69, 209
電子　35, 43, 44, 51, 54, 62, 197, 215
　電子アゴラ　50
　電子環境　44
　電子機器　43, 44, 46, 48

電子言語　49, 51
電子民主主義　49
転写　10, 20, 165, 203, 208, 214
ドイツ　7, 25, 66, 72, 79, 83, 145, 204, 206, 212, 219
ドイツ観念論　119, 140, 142
道具（性）　46, 49, 51, 74, 100, 114, 126
道具的価値　147-149
統合　37, 42, 48, 51, 81, 82, 102, 124, 126
淘汰　41, 65
動物　58, 59, 67, 70, 71, 73, 75, 79, 82, 88-90, 94, 96, 114, 132, 134, 137, 139, 141, 205, 211, 218
動物実験　175, 176
徳　70, 82
匿名化　152, 165
特許　57, 58, 157, 158, 168, 169, 204, 210, 211
トランスサイレチン　16-20, 22, 25
トランスジェニック動物（マウス）　20, 21, 23, 27, 28, 59, 211

な行

内的合目的性　121
内部告発　188, 189
二重真理（説）　87, 88, 92, 94, 97, 98, 113
日本商事　174-179, 186-191
日本書紀　68
日本製薬工業協会　185, 194
人間
　人間機械論　82, 89, 131, 140, 142
　人間工学　100-107
　人間としての自覚　70, 71
　人間の尊厳　57, 58, 66, 69, 71-75, 77-79, 81-83, 145
脳　17, 21, 22, 29, 46, 49, 87, 91, 203, 206, 216
ノザンブロット法　21

は行

胚，ヒト胚　59, 66, 69, 72, 73, 78, 205, 207, 209, 212
バイオ　56, 63, 68, 69, 152, 199, 200, 204, 206, 214-219
　バイオ医薬　59
　バイオインフォマティクス　213, 214, 219
　バイオエレクトロニクス　59, 218
　バイオコンピュータ　215, 216
　バイオ産業　197, 200
　バイオテクノロジー　57, 58, 61-64, 69, 81, 83, 197, 199, 200, 202-208, 211, 212, 215, 216, 218-220
　バイオマス　216-218, 220
　バイオレメディエーション　217, 218
　オールドバイオ　197, 199
　ニューバイオ　197, 199, 200
パターン　52, 59, 60, 66, 67, 81, 82, 123, 132, 215
発生工学　199
貼り付け　61
反省的判断　128, 129
『判断力批判』　119, 120, 125, 133, 141
ハンチントン舞踏病　15, 207
ビジネス　171, 173, 184, 187, 188, 190, 191, 193, 206, 219
　ビジネス倫理学　188, 190, 192
　医薬ビジネス　173
ピタゴラス的世界観　67
ヒトゲノム（プロジェクト）　3, 12, 13, 58, 145, 150, 164, 200, 205-208, 219
ヒューマン・インターフェイス　101
表現型　6-8, 10, 12, 14, 15, 62, 65, 87, 114, 151
表象　98, 106, 109-113, 115, 120, 125, 126, 128-131, 133-137, 139
平等　71, 72, 78, 145, 163, 181, 183, 184
疲労　69, 75, 103-107
ファーマコジェノミクス→薬理遺伝学
副作用　28, 167, 177, 210, 211
複製　64, 65, 74, 130, 215
物活説　119
普遍主義　93
プライバシー　57, 146-149, 151, 152, 157, 178, 214
　遺伝プライバシー　145, 147
フランス　66, 72, 88, 157, 170, 206, 212
フリーライド問題　190
分子
　分子遺伝学　13, 87, 89
　分子生物学　3, 4, 90, 203, 204
変異
　変異遺伝子，遺伝子変異　6, 9, 14, 17, 18, 24, 29, 150-152, 155, 158, 160-162, 165-170
　突然変異　13, 210
保因者　154, 159
ポストゲノム　197, 199, 207
ホモ・ファーベル　100
ホログラム　110
翻訳　8, 10, 36, 102, 103

ま行

マウス　9, 14, 20-28, 205, 207, 211, 212
マンマシン・インターフェイス　102, 103
三菱ウェルファーマ　178, 194
ミドリ十字　194
メッセージ　132
免疫系　130
免疫組織学　16
メンデルの（遺伝の）法則　3, 197, 199
目的因　138-140
目的論　60, 66, 120-123, 128-131, 136

モナド（モナドロジー） 88，134，137，141，142
モンタージュ化 109

や行

有機体論 119，120，130，136，141，142
ユースビル 174，175
優生思想 57，209
ユネスコ（UNESCO） 145，150，151，158，164
ユビキタス計画 44
ヨーロッパ人類遺伝学会 162，163，170
抑圧 45-49
予定調和 135
薬害C型肝炎事件 178，194
薬事法 177
薬理遺伝学 155

ら行

リアリティ 47，48
リスク
　リスクアセスメント 163
　ライフタイム・リスク 150，167
理性 58，70，72，73，75，78，82，87，92，107，123
　理性主義 51，94
リセプター 12，13
臨床 19，150-155，164，165
　臨床遺伝学 13
　臨床研究 18，151
　臨床試験・臨床治験 176
倫理委員会 153，168
劣化 59，61-63，65-69，74-78，83
連帯 73，83，145
ロボット 96，101，103

人名索引

あ行

アヴェロエス　87
アリストテレス（Aristoteles）　60, 66, 81, 120, 137-142
Allen　146, 164
Anderlik　148, 149, 164
Yi, S. et al.　30, 31
伊坂青司　140, 142
出隆　81, 141, 142
今西錦司　53
Iwanaga, T. et al.　30, 31
ヴァイツゼッカー（V. v. Weizsäcker）　37, 53
Weijer　165, 166
ウィーナー（N. Wiener）　67, 82, 95, 101, 102, 131, 133, 134, 140-142
Wertz　167
エーヴリー（O. T. Avery）　202
大井玄　83
大石正道　219
尾関周二　53, 54

か行

ガッサンディ（P. Gassendi）　88
カッシーラー（E. Cassirer）　141, 142
加藤敏春　219
金子晴勇　71, 82
軽部征夫　81, 219
河合隼雄　68, 82
カンギレム（G. Canguilhem）　81, 99, 100
カント（I. Kant）　72, 79, 82, 89, 117, 119-125, 127-131, 133, 136-138, 140-142, 147
キケロ（M. T. Cicero）　71
木村敏　53
ギルブレス（F. B. Gilbreth）　100
クリック（F. H. C. Click）　3, 110, 101, 203
クレール（R. Clair）　101
コーエン（S. Cohen）　204
Kohno, K. et al.　30
小林秀之　193
小林康夫　82

さ行

Zhao, X. et al.　31
サルトル（J. P. Sartre）　94, 95, 97
ジープ（L. Siep）　83
Shimada, K. et al.　30, 31
ジェームズ（W. James）　89
ジャコブ（F. Lacob）　141, 142
シュナイダー（N. M. Schneider）　197
ショー（B. Shaw）　193
ショーペンハウアー（A. Schopenhauer）　100
スミシーズ（Smithies）　14
ソクラテス（Sōkratēs）　70, 71

た行

Townend　168
Takaoka, Y. et al.　31
高橋隆雄　53, 81, 82, 199
Tashiro, F. et al.　30, 31
田中朋弘　193
Childress　164
チェイス（M. Chase）　202
チャップリン（C. Chaplin）　101
チャペック（K. Čapek）　101
ディジョージ（R. T. De George）　194
Davis　169

テイラー（F. W. Taylor）　100
デカルト（R. Descartes）　67, 87-93, 137
デモクリトス（Dēmokritos）　137
土居健郎　68
ドーキンス（R. Dawkins）　90
トランブル（D. Trumbull）　103
ドレイファス（H. L. Dreyfus）　53

な行
中石裕子　199
長島隆　140, 142
Nagata, Y. et al.　30
中根千枝　68
中山將　33, 82
名和小太郎　220
ニーチェ（F. Nietzsche）　78, 111
西垣通　52, 59
ニュートン（I. Newton）　88, 119

は行
ハーシー（A. Hershey）　202
ハーバーマス（J. Harbermas）　83
バイエルツ（K. Bayertz）　78, 79, 83
ハイデガー（M. Heidegger）　110-113
羽田明　170
服部秀一　193
バトラー（S. Butler）　95
濱中淑彦　53
浜六郎　193
Beauchamp　146, 148, 157, 164
Billings　158
菱山豊　219
ピタゴラス（Pythagoras）　66, 67
ビュフォン（G. L. L. de Buffon）　119
フーコー（M. Foucault）　81-83
福沢諭吉　146
福嶋義光　166
Fuller et al.　153, 165
プラトン（Platon）　66, 137
ブルーメンバッハ（J. F. Blumenbach）

119
フレミング（W. Flemming）　202
フレンチ（P. A. French）　191
ベーコン（F. Bacon）　92
ペピス（M. B. Pepys）　30
ベルクソン（H. L. Bergson）　94, 95, 97, 100
ベンサム（J. Bentham）　148
ボイヤー（H. Boyer）　204
ボイル（R. Boyle）　88
ホーキング（S. W. Hawking）　92
ポスター（M. Poster）　54
ホフマイヤー（J. Hoffmeyer）　37
ボルター（J. D. Bolter）　53
Holtzman et al.　167, 170

ま行
蒔田芳男　170
町野朔　81
松井孝典　82
松田一郎　164, 166, 169, 170
松田純　83, 209, 219
松山寿一　140, 142
マリス（K. B. Mullis）　206
マルクス（K. Marx）　101, 107
丸山眞男　69, 82
ミル（J. S. Mill）　148
ムア（J. Moore）　173, 181-184, 187, 194
Muenke, M　30
Mulvihill, J. J.　30
メルヒャース（G. F. Melchers）　204
モーガン（T. H. Morgan）　202
モーペルチュイ（P. M. L. de Maupertuis）　88, 89
本居宣長　69
モノー（J. L. Monod）　141, 142

や行
Yamamura, K. et al.　30, 31
吉田民人　60, 81

ら行
ライプニッツ（G. W. Leibniz） 88, 120, 133-138, 140-142
Reilly 167, 169
ラ・メトリ（J. de La Mettrie） 89
リーチ（E. R. Leach） 132, 141, 142
リンネ（C. v. Linné） 119
レペニース（W. Lepenies） 140, 142

Laurie 164
Rothstein 149, 164, 167

わ行
Wakasugi, S. et al. 30, 31
ワトソン（J. D. Watson） 3, 202
渡辺祐邦 140, 142

執筆者紹介（執筆順）

山村　研一　熊本大学発生医学研究センター教授（発生医学）
中山　　將　愛知産業大学造形学部教授（哲学・美学）
高橋　隆雄　熊本大学文学部教授（倫理学）
船木　　亨　専修大学文学部教授（倫理学）
八幡　英幸　熊本大学教育学部助教授（倫理学）
松田　一郎　熊本大学名誉教授・北海道医療大学教授（小児医学）
田中　朋弘　熊本大学文学部助教授（倫理学）
加藤　佐和　熊本大学社会文化科学研究科大学院生

熊本大学生命倫理研究会論集 6
生命・情報・機械

2005年6月5日初版発行

編　者　高　橋　隆　雄
発行者　谷　　隆　一　郎
発行所　（財）九州大学出版会
　　　　〒812-0053　福岡市東区箱崎7-1-146
　　　　　　　　　　　　　　九州大学構内
　　　　電話 092-641-0515（直通）
　　　　振替 01710-6-3677
印刷／九州電算㈱・大同印刷㈱　製本／篠原製本㈱

© 2005 Printed in Japan　　　　ISBN4-87378-867-6

熊本大学生命倫理研究会論集（全6巻）

生命倫理研究とは，現実の諸問題の本質を解明するとともに，問題解決に向けての具体的指針を模索するものである。それには倫理学をその任に堪えうるように鍛え上げることと多くの分野にわたる共同作業が不可欠である。本論集は日常的な共同研究を基礎にして，徹底した討議をへて成った論文集である。

① 遺伝子の時代の倫理
高橋隆雄 編　　　　　　　　　A 5 判 260頁 2,800円

② ケア論の射程
中山　將・高橋隆雄 編　　　　A 5 判 320頁 3,000円

③ ヒトの生命と人間の尊厳
高橋隆雄 編　　　　　　　　　A 5 判 300頁 3,000円

④ よき死の作法
高橋隆雄・田口宏昭 編　　　　A 5 判 318頁 3,200円

⑤ 生命と環境の共鳴
高橋隆雄 編　　　　　　　　　A 5 判 260頁 2,800円

⑥ 生命・情報・機械
高橋隆雄 編　　　　　　　　　A 5 判 250頁 2,800円

生命の倫理——その規範を動かすもの——
山崎喜代子 編　　　　　　　　A 5 判 328頁 2,800円

ヒトゲノム解読計画を完了して本格的なゲノム科学の時代を迎えている今日，これまでの生命倫理学規範である権利概念の限界も含めて生命倫理学の構造的見直しが求められていると思われる。本著はこの間応用的レベルを中心に展開されてきた生命倫理学の展開をふまえて，原理的方法論的検討を試みようとするものである。

環境と文化——〈文化環境〉の諸相——
長崎大学文化環境研究会 編　　A 5 判 380頁 3,500円

本書で提示する〈文化環境学〉は，環境に関する諸問題への文系基礎学からの回路を開拓する試みである。「人間の自然へのかかわりかたとしての文化」から，文化の世界としての意味「メディア・言語記号としての世界」までの振幅を考察する。

環境科学へのアプローチ——人間社会系——
長崎大学文化環境/環境政策研究会 編

　　　　　　　　　　　　　　　A 5 判 410頁 2,800円

環境問題の全体像を把握すると同時に，「環境問題」という学問の真の確立を模索する。自然の価値探索と人間環境系のデザイン手法。

（表示価格は本体価格）　　　　　　　　　九州大学出版会